U0643027

"十三五"普通高等教育本科系列教材

电工测量技术

（第二版）

主编　于文波

编写　俞俊民

中国电力出版社
CHINA ELECTRIC POWER PRESS

内 容 提 要

本书为"十三五"普通高等教育本科系列教材。

本书主要是为适应综合实验台而编写的。本书包括两篇：第一篇是电工测量与常用仪表简介，包括传统的误差分析计算的方法和不确定度，以及常用电工仪表的结构、原理及使用等；第二篇是电工技术实验，共编排了 31 个实验，包括直流、交流、单相、三相及回转器、负阻抗变换器等新器件的实验等。

本书可作为高等院校电气类及其相关专业的本科教材，也可作为高职高专或函授教材，同时可供相关工程技术人员参考。

图书在版编目（CIP）数据

电工测量技术/于文波主编 . —2 版. —北京：中国电力出版社，2015.8（2024.7重印）

"十三五"普通高等教育本科规划教材

ISBN 978 - 7 - 5123 - 7841 - 4

Ⅰ.①电…　Ⅱ.①于…　Ⅲ.①电气测量－高等学校－教材　Ⅳ.①TM93

中国版本图书馆 CIP 数据核字（2015）第 164285 号

中国电力出版社出版、发行

（北京市东城区北京站西街 19 号　100005　http：//www.cepp.sgcc.com.cn）

北京天泽润科贸有限公司印刷

各地新华书店经售

*

2007 年 9 月第一版

2015 年 8 月第二版　　2024 年 7 月北京第十次印刷

787 毫米×1092 毫米　16 开本　11.25 印张　273 千字

定价 **23.00** 元

前　　言

　　本书的第二版本着与时俱进的原则，在 2007 年出版的第一版的基础上结合电工实验课程的大纲进行了更改和修订。

　　随着仪器仪表新技术的发展，在本书的第二章中增加了第五节虚拟仪器的概念、特点、组成和常用电工虚拟仪器仪表的内容，使学生接触和了解电工仪表的新发展、新动态，将新的仪器设备、测试方法应用于电工实验中，拓展学生视野和思路；完善了第二篇实验项目的内容，补充了"智能型电工电子教学实验台"的系统介绍及注意事项等内容。

　　本书由沈阳工程学院于文波担任主编，具体编写分工如下：实验二至实验四，实验二十八至实验三十由俞俊民编写，其余章节内容由于文波编写，全书由于文波统稿和定稿。

　　尽管编者在《电工测量技术》教材建设方面做了较多的努力，但限于编者水平，教材内容难免存在一些疏漏和不当之处，恳请广大读者批评指正，以便日后修订改正。

编　者

2015 年 3 月

第 一 版 前 言

近 20 年，电工实验台——这种综合电工实验装置，已在国内各个高校普遍应用，其中以浙江天煌公司和求是公司的产品居多，其他厂家的产品在结构和组成上也与这两家公司相近的。但目前国内适应这种实验台而公开出版的电工测量方面的书籍以及电工实验指导书还很少，厂家提供的指导书往往与教学要求有不小的差距。故此，作者编写此书，以满足教学的需要。

本书尝试着在电工测量和电工实验中引入不确定度的内容，使学生接触和了解误差理论和误差应用的新发展、新动态，拓展学生的眼界和思路，使教学内容与国际接轨。本书在实验内容的选择上，力求全面多样，尽量覆盖电工实验的主要内容。

本书的实验十、十一、十三、十七、十九、二十、二十三、二十四、二十五和实验二十六由沈阳工程学院于文波编写，其余内容由沈阳工程学院俞俊民编写，全书由俞俊民负责主编。

本书由沈阳工程学院霍龙教授和沈阳工业大学厉伟教授主审，编者对两位教授提出的宝贵意见表示感谢。

限于编者水平，加之时间仓促，书中的缺点和不妥之处在所难免，敬请广大读者和师生批评指正。

编 者

2007 年 6 月

目　录

绪 论

实验是科学技术发展的重要组成部分，无论是基础科学的研究还是应用技术的研究都要进行大量的实验。从事任何实验都要求实验人员具备相应的理论知识、实验技能及归纳总结实验结果的能力。电工测量及电工实验（或称测量实验技术）是工科领域最基本的实验环节，所涉及的内容包括电路理论、基本电工测量仪器仪表的使用及基本测量方法等。其基础性决定了它在电类本科和高职高专教学进程中，起到提高学生专业理论水平、培养学生的工程意识、训练学生基本实验技能的奠基作用。

一、电工测量及电工实验的目的

电工测量及电工实验是理工科院校电类专业学生的一门必修课程，可以为实验方法的学习、工程意识的培养和技术技能的提高打下基础。学习本课程的主要目的如下。

（一）培养和提高学生从事工程实践和科学实验的基本素质

通过电工测量及电工实验，使学生掌握实验基本原理，学会基本的测量方法，了解常用仪器仪表的基本结构原理和使用方法，熟悉数据的正确采集和实验后的数据处理及实验结果的分析，能写出完整的实验报告。这些基本素质是学生今后进行技术研究、开发和工程实践所必不可少的。

（二）培养学生的工程意识及解决实际问题的能力

工程意识的培养也需要一个过程。实验中会观察到各种现象，遇到各种问题，出现各种故障，甚至会出现各种因素交织在一起的复杂故障。熟练应用理论知识对其加以分析解决，不但能加深对理论知识的理解，而且能培养学生理论联系实际的思路，培养学生的工程意识；能提高学生综合运用知识的能力，提高学生解决实际问题的能力。

（三）培养学生安全操作的习惯及严谨、求实的科学态度和工作作风

电工测量及电工实验本身的特点，要求学生必须养成安全操作的习惯，否则不但不能完成实验任务，而且容易造成设备、仪表损坏，甚至人身伤害。对实验的每个环节，如原理的掌握、仪器的调整、数据的采集、数据的处理、结果的评估、写出报告等严格要求，有利于培养学生严谨、求实的科学态度和工作作风。

二、电工测量及电工实验的要求

为了高质量地完成电工测量及电工实验的教学任务，教师要对学生提出严格要求，具体如下。

（一）实验预习

设计任何电路实验都有一定的目的，并为此提出实验任务。预习时，要正确地应用基本理论分析，清楚实验原理；综合考虑实验环境和实验条件，明确所设计的实验及提出任务的可行性；预测实验结果并写出实验报告。其中包括以下几方面：

（1）认真阅读实验教材及有关参考书，明确实验目的、原理、实验设备、实验方法、操作步骤及注意事项。

（2）写出预习报告，其内容大致有实验名称、原理、实验设备及注意事项和原始数据表

格等。无预习报告者不得参加实验。

（二）实验操作

实验操作是在详细预习报告的指导下，在实验室进行的整个实验过程，包括熟悉、检查及使用实验器件与仪器仪表，连接实验电路，实际测试与数据的记录及实验后的整理工作等。

1. 要了解《学生实验守则》

《学生实验守则》内容如下。

（1）实验前必须认真预习实验内容及相关理论，明确实验目的、原理、步骤，初步了解实验所用仪器仪表的性能及使用方法，完成预习报告。实验时必须携带实验教材及预习报告。接受教师提问检查，预习不合格者，必须重新预习，否则不能做实验。

（2）必须按规定时间进行实验，因故不能做实验者，须向指导教师请假；所缺实验要在本课程考试之前补齐。迟到时间长者不得参加本次实验，应该进行补做。

（3）进入实验室后要保持安静，不得高声喧哗和打闹，不准吸烟，不准随地吐痰和吐口香糖，不准乱抛纸屑杂物，要保持实验室和实验台面及抽屉里的整洁。

（4）做实验时必须严格遵守实验室的规章制度和仪器设备的操作规程，按照教师或指导书的要求去做，以免发生意外事故损坏仪器设备甚至造成人身伤害。否则，学生要负相应责任。

（5）实验时要注意安全，若发现异常（出现冒烟或绝缘物烧焦气味等）应立即断开电源，防止事故扩大，并注意保护好现场，及时向指导教师报告。待指导教师查明原因，排除故障后，方可继续实验。

（6）要爱护仪器设备，使用前详细检查，使用后断掉所有仪表及设备的电源，发现丢失或损坏立即报告。不准将实验室的仪表、工具及器件等任何物品带出实验室。做实验要认真，实事求是，不得抄袭和编造实验数据。

（7）实验后要认真按指导书的要求完成实验报告，对不符合要求的实验报告应退回重做，并在教师规定的时间内将实验报告（包括原始数据记录单）由课代表送交实验教师。

2. 实验操作注意事项

实验前要检查仪器仪表是否完好，量程是否合适，了解仪器仪表的性能及使用方法和注意事项，然后按要求接线和调试，准备就绪，方可进行操作并记录必要的数据和现象。主要注意事项如下。

（1）实验线路的连接，是建立实验系统最关键的工作。

1）要能够按电路原理图连接实际电路。连接顺序一般是先串后并，先主后辅（先主电路，后辅助电路）。对连接完的电路做细致检查，是保证实验顺利进行、防止事故发生的重要措施，因此不能丝毫疏忽。

2）正常情况下，连接好实验线路后，即可开始实验测量工作。但有时也会出现一些意想不到的故障，必须首先排除故障，以保证实验的顺利进行。

（2）实际测试与记录数据，是实验过程中最重要的环节。

1）在测试过程中，可能也会出现故障报警，要及时分析原因，排除故障后，再进行实验。不可盲目操作，慌乱应对，这是一切实验的大忌，更是电工实验及从事电类技术工作的大忌。

2）测试中，应尽可能及时地对数据做初步的分析，以便及时地发现问题，当即采取可能的必要措施以提高实验质量。

3）实验做完后，不要忙于拆除实验线路。应先切断电源，待检查实验测试没有遗漏和错误后再拆线。如发现异常，需在原有的实验状态下查找原因，并做出相应的分析。

（3）实验结束后。

1）检查所用仪器仪表的完好情况，将导线整理成束放在抽屉里。

2）填写"实验日志"。

3）请教师检查所记录的原始数据，并在原始数据记录单和"实验日志"上签字（原始数据记录单须附在实验报告中交给老师）。

（三）撰写实验报告

实验报告既是实验工作的继续，又是实验工作的总结。将实验中得到的初步的、零散的感性的认识归纳整理、分析研究，从而得出科学的结论，这就是实验报告的主要任务。写实验报告应做到：字迹工整、叙述简练、逻辑性强、数据齐全、图表规范正确。其具体内容如下。

（1）封面各项内容（包括实验名称）。

（2）实验目的。

（3）实验电路图。

（4）实验内容及步骤。概括地、条理分明地写出实验内容及步骤。

（5）数据处理及结果表示。根据原始数据对实验结果进行计算、处理、分析归纳，得到标准形式的结果表示（一般要画表格）、函数图像等。

（6）实验分析。实验分析一般是指进行实验方案比较、误差分析和提出改进建议等，或者根据实验报告要求的内容分析、归纳出相应的结论。

（7）实验设备。以表格形式写出设备的名称、型号、规格、编号等。

一份合格的实验报告，从内容上讲可能要比上述内容更详细。因此，写实验报告时，要结合具体的实验，按需要逐项写清楚，不必受上述规定的限制。

第一篇　电工测量与常用仪表简介

第一章　测量误差与数据处理

第一节　测量方法与误差

一、测量方法与最佳估计值

测量就是将被测量与选作标准的同类量相除得出倍数值（即测量值）的过程。其中，测量值应由数值和单位两部分组成。

进行测量时，必须考虑测量对象、测量方法和测量设备三方面的问题，要根据不同的被测量及对测量准确度的要求，来确定适当的测量方法，选用合适的测量设备。

测量设备分为两类。一类是度量器，它们是测量单位的分数或整数倍的复制实物。根据准确度的高低，电工测量的度量器可分为基准器、标准器和工作量具三类。将最准确地复现或保存单位的实物体或装置称为基准器。它是进行测量工作的准绳和基础。标准器的准确度要低于基准器。工作量具是学校、工厂和科研单位的实验室中经常使用的度量器，如标准电池、标准电阻和标准电容等。另一类是测量仪器、仪表，准确度较工作量具低，是用某种方法进行测量的设备，被广泛应用于实验室和工程测试中。

（一）直接测量、间接测量与组合测量

这是根据获得测量结果的方式的不同而确定的分类方法。

1. 直接测量

直接测量是指可用仪器仪表直接读出测量值的测量，如用电压表测电压、电流表测电流等。直接测量分单次或多次直接测量。

单次直接测量的情况大致有三种：第一，仪器仪表准确度较低，多次读数相同，不必多次测量；第二，对测量的准确度要求不高，只测一次就可达到测量目的；第三，因测量条件限制，不能多次测量（如某一时刻的线路电压）。

2. 间接测量

被测量是几个直接测量值的函数，要根据几个直接测量值来确定被测量，这种测量称作间接测量。如通过直接测量被测元件的电压 U 和电流 I，可算出该元件的电阻值 $R = U/I$。

3. 组合测量

该方法是根据直接测量和间接测量的测量值，联立求解方程组，得出被测量。如要算出电阻线圈的温度系数 α、β，根据以下公式只要测出在 t_1、t_2 温度下的电阻值 R_{t1}、R_{t2}，联立求解即可算出 α、β

$$R_t = R_{20}[1 + \alpha(t - 20) + \beta(t - 20)^2]$$

式中　t——温度；

R_t——t℃时的电阻值；

R_{20}——20℃时的电阻值。

（二）直读测量与比较测量

这是根据所用仪器仪表的不同而确定的分类方法。

1. 直读测量

直读测量是指直接从测量指示仪表读出测量结果，是工程测量方法中应用最广泛的测量方法，其结果取决于仪器仪表的准确度，因而测量准确度并不高。

2. 比较测量

比较测量是指在测量过程中，将被测量与标准量进行比较，而获得测量结果，如用电桥测量电阻。比较测量是高准确度的测量方法。

（三）等准确度测量与不等准确度测量

测量条件完全相同（相同的观测者、相同的测量程序、相同地点、在相同的条件下使用相同的测量仪器、在短时期内）的重复测量，称作等准确度测量。

对同一物理量进行的测量条件不同（测量条件包括观测者、测量方法、测量程序、测量仪器、使用条件、地点、时间）的多次测量，称作不等准确度测量。

（四）真值与其最佳估计值

在一定条件下，物理量符合其定义的真实值称为真值。无论多么准确的测量，都无法获得被测量的真值。不过，应尽量使测量值接近真值。最接近真值的测量值，称作真值的最佳估计值。最佳估计值的确定方法如下。

1. 直接测量中最佳估计值的确定

（1）单次直接测量的最佳估计值。单次直接测量中，把被测量 x 的读数 x_S 当作其最佳估计值。

（2）多次直接测量的最佳估计值。为了提高测量的可靠程度，常常对被测量 x 在等准确度下进行多次测量，得到的各次测量值为 $x_i(i=1, 2, 3, \cdots, m)$，则各次测量值的算术平均值

$$\bar{x} = \frac{1}{m}\sum_{i=1}^{m} x_i \tag{1-1}$$

最为接近真值，$m\to\infty$时，$\bar{x}$将无限接近真值。所以，将 $\bar{x}$ 作为多次直接测量的最佳估计值。

实际工作中以最佳估计值代替真值，单次测量值与最佳估计值之差为

$$\delta_i = x_i - \bar{x}$$

称 δ_i 为残差（或剩余误差）。

2. 间接测量中最佳估计值的确定

设间接测量量 N 是由相互独立的直接测量量 x、y、z、$\cdots$ 的测量结果所决定的，其函数关系为

$$N = f(x, y, z, \cdots) \tag{1-2}$$

用微分学可证明，N 的最佳估计值为

$$\bar{N} = f(\bar{x}, \bar{y}, \bar{z}, \cdots) \tag{1-3}$$

二、仪表误差、测量误差及其表示

任何仪表测量时，仪表的指示值与被测量的真值之间总有差异，这个差异称为仪表的

误差。

（一）仪表误差

根据误差产生的原因，仪表误差可分为两大类。

1. 基本误差

基本误差是指仪表在规定的正常工作条件下［"(23±2)℃"（见国标 GB/T 7676—1998《直接作用模拟指示电测量仪表及其附件》）、放置位置、频率及波形以及外电场磁场要求全无等］。使用时，由于结构和制造工艺上的不完善而产生的仪表本身所固有的误差。例如，摩擦误差、刻度误差等均属于基本误差的范畴。

2. 附加误差

附加误差是指仪表在非正常工作条件下（即环境温度改变、使用方式错误、有外电场或磁场干扰等）使用时所产生的额外误差。本教材所考虑的附加误差主要是由温度引起的附加误差，即环境温度每偏离规定温度不超过 10℃时，要产生一个与基本误差相当的附加误差。如 A 组 1.5 级指示仪表的正常工作温度为 23℃，温度偏离不超过 10℃，所引起的附加误差用最大引用误差表示也是±1.5%。

（二）方法误差

测量误差有多种，这里主要介绍需常考虑的方法误差。

从误差来源的角度看，方法误差是由于测量方法不完善或测量所依据的理论不充分而引起的误差，例如，当用伏安法测电阻时，因为电压表或电流表都有内阻，所以测得的电阻值的误差中便含有方法误差。

（三）仪表误差表示

仪表的误差大小通常有三种表达方式。

1. 绝对误差

绝对误差是指仪表的指示值 A_x 与被测量真值 A_0 之间的差值，用符号 ΔA 表示，即

$$\Delta A = A_x - A_0 \tag{1-4}$$

绝对误差有大小、符号和单位。因为真值是难以确定的，实际工作中，常将准确度等级高的标准表所测得的给出值称为实际值，用 A 表示。绝对误差通常表示为

$$\Delta A = A_x - A \tag{1-5}$$

即绝对误差为仪表指示值与被测量的实际值的代数差值。

修正值与绝对误差数值大小相等，但符号相反，用 C 表示

$$C = -\Delta A = A - A_x \tag{1-6}$$

引进修正值后，可以对仪表指示值进行修正，以消除其误差，提高测量准确度。

2. 相对误差

相对误差是指仪表的绝对误差与被测量的真值 A_0 之比的百分数，用符号 γ_0 表示，即

$$\gamma_0 = \frac{\Delta A}{A_0} \times 100\% \tag{1-7}$$

由于仪表指示值 A_x 与被测量真值 A_0 之间相差不大，所以工程上常用指示值代替真值进行近似计算，即

$$\gamma_x \approx \frac{\Delta A}{A_x} \times 100\% \tag{1-8}$$

绝对误差 ΔA 可由所用仪表的准确度等计算出来。由于相对误差可定量表示出仪表基本误差对测量结果的影响程度，所以工程上常用它来比较测量结果的准确度。

3. 引用误差

相对误差可以表示测量结果好坏，但不能全面评价指示仪表的质量（通常称准确度等级）。对于一个指示仪表而言，标尺上各点的绝对误差相近似。但根据式（1-8）可知，指针在不同刻度上读数不同，因而各指示值的相对误差差别很大，无法用来评价仪表的质量。为此，工程上采用引用误差来确定仪表的准确度等级。

绝对误差与基准值的比值的百分数，称为引用误差 γ_n。对于不同类型标度尺的电测指示仪表，其基准值不同，引用误差如下。

（1）若是单向标度尺的仪表，基准值为量程，即仪表上量限 A_m，则 γ_n 为

$$\gamma_n = \frac{\Delta A}{A_m} \times 100\% \qquad (1-9)$$

（2）若是双向标度尺的仪表，其基准值仍是量程，则 γ_n 为

$$\gamma_n = \frac{\Delta A}{|+A_m| + |-A_m|} \times 100\% \qquad (1-10)$$

（3）若是无零位标度尺的仪表，基准值为上、下量限 A_{1m}、A_{2m} 的差值，则 γ_n 为

$$\gamma_n = \frac{\Delta A}{A_{1m} - A_{2m}} \times 100\% \qquad (1-11)$$

（4）若标度尺是对数、双曲线或指数为 3 及 3 以上的仪表，或标度尺上量限为无穷大（如万用表欧姆挡及绝缘电阻表）的仪表。基准值为标度尺工作部分长度 l_m，绝对误差为 Δl，则 γ_n 为

$$\gamma_n = \frac{\Delta l}{l_m} \times 100\% \qquad (1-12)$$

第二节　仪表的准确度

仪表的准确度表征其测量值与真值的一致程度，也反映测量误差的大小。

一、电测指示仪表的准确度

仪表的准确度是用仪表的最大引用误差（即基本误差的极限）表示的。因为仪表各个刻度位置上的绝对误差有一些小差别，为了能用引用误差概括仪表的基本误差全貌，工程上就根据最大引用误差 $\gamma_{n,m}$ 来确定仪表的准确度，即根据最大绝对误差 ΔA_m 与测量上限值 A_m 的百分比来表示仪表的准确度。若有

$$\gamma_{n,m} = \frac{\Delta A_m}{A_m} \times 100\% \qquad (1-13)$$

则仪表的准确度等级 $K \geqslant 100\gamma_{n,m}$，准确度等级 K 的分级国家标准有规定。K 的数值越小，仪表准确度越高，则最大引用误差越小，基本误差也就越小。

仪表在规定的正常工作条件下使用时，不会有附加误差，这时的误差是由仪表本身的基本误差引起的。根据国标 GB/T 7676.2—1998《直接作用模拟指示电测量仪表及其附件第 2 部分：电流表和电压表》的规定，电流表和电压表的准确度等级的分为 11 级（见表 1-1）。其他电测指示仪表的准确度等级的规定与此类似，详见国标 GB/T 7676—1998。

表 1 - 1　　　　　　　　　　　　　　电流表和电压表的基本误差

准确度等级	0.05	0.1	0.2	0.3	0.5	1.0
基本误差	±0.05%	±0.1%	±0.2%	±0.3%	±0.5%	±1.0%
准确度等级	1.5	2.0	2.5	3.0	5.0	—
基本误差	±1.5%	±2.0%	±2.5%	±3.0%	±5.0%	—

【例 1 - 1】　　一只电压表量程为 $U_m = 300V$，已知该表的最大绝对误差为 $\Delta U_m = \pm 2.86V$，试确定其准确度等级。

解　　　　　　$\gamma_{Vm} = \Delta U_m / U_m \times 100\% = \pm 2.86/300 \times 100\% = \pm 0.95\%$

因等级按国标分为 11 级，所以该表的最大引用误差大于 0.5 级同量程的表而小于 1.0 级同量程的表（0.5＜0.95＜1.0），根据国标规定该表的准确度等级为 1.0 级。

通常，0.05、0.1、0.2 级仪表作标准表，用以检定准确度较低的仪表；0.5、1.0、1.5 级的仪表主要用于学校和工厂实验室的实验；准确度更低的仪表主要用于现场。

由于分度尺的标示不一致，即基准值的规定不同，引用误差的计算公式［见式（1-9）～式（1-12）］不同，在仪表盘面上对应的准确度等级的标志符号也不同，参见表 1-1。

由仪表的准确度等级可算出该仪表允许的绝对误差（即最大绝对误差）。例如：1.5 级、上量限为 300V、单向标度尺的电压表，其允许绝对误差 $\Delta U_m = \pm (1.5\%) \times 300 = \pm 4.5V$；2.5 级、上量限、下量限同为 60MW 的双向标度尺功率表，其允许绝对误差 $\Delta P_m = \pm (2.5\%) \times (60+60) = \pm 3MW$；0.5 级、有效量程为 2～10A 的电磁系电流表，其允许绝对误差 $\Delta I_m = \pm (0.5\%) \times (10-2) = \pm 0.04A$；万用表欧姆挡，准确度为 2.5 级，工作标度尺为 90mm，其用长度表示的允许绝对误差 $\Delta R_m = \pm (2.5\%) \times 90 = \pm 2.25 (mm)$。

二、数字表的准确度

数字表的准确度一般用绝对误差表示，通常有下列两种表示方法。

第一种表示法

$$准确度 = \pm (a\%RDG + b\%FS) \qquad (1 - 14)$$

式中　　RDG——仪表读数（即显示值）；

　　　　$\pm a\%$——相对误差，表示 A/D 转换器和功能转换器（如分压器、分流器、真有效值转换器）的综合误差；

　　　　FS——仪表满度（量程）值；

　　　　$\pm b\%$——满度误差系数，是由于数字化处理带来的误差折合成满量程的百分数。

第二种表示法将数字化处理带来的误差用末位数字的变化量表示

$$准确度 = \pm (a\%RDG + n \text{ 个字}) \qquad (1 - 15)$$

式中　　$\pm n$ 个字——最末一位显示数码有 $\pm n$ 个字的误差，为绝对误差，是数字化处理带来的误差用末位数字的变化量。

可见上述两式的第二项是完全相同的，所以两式是完全等价的。

数字表的准确度等级分为 0.0005、0.001、0.002、0.005、0.01、0.02、0.05、0.1、0.2、0.5、1.0 这 11 个等级。

如 DT-860 型数字万用表，20V 直流电压挡的准确度（即允许的绝对误差）为 $\pm (0.5\%RDG + 10mA)$。

又如 DT-930 型数字万用表，20mA 直流电流挡的准确度为 ±（0.5%RDG+2mA）。

由式（1-14）可得到测量值的相对误差为

$$\gamma_x = \pm \left(a\% + b\% \times \frac{FS}{RDG} \right) \qquad (1-16)$$

式（1-16）说明，数字表测量值的相对误差的第一项是不变的，第二项是可变的。测量值等于量程时，其测量误差最小，随着测量值的减小，相对误差逐渐增大。因此，在使用数字表时，应使选择量程略大于被测值（或按测量要求选取），以减小测量值的误差。

【例 1-2】 DT-860 型数字万用表，200V 交流电压挡的准确度（即允许的绝对误差）为 ±（1.0%U_x+5 个字），求测量值为 180V 时的误差；若测量值为 10V，仍使用 200V 挡测量，误差为多大？

解　DT-860 型数字万用表是 3 位半的，200V 挡显示电压值为 0~199.9V，故末位 5 个字表示为 0.5V。被测量为 180V 时的允许绝对误差（即最大绝对误差）为

$$\Delta U_1 = \pm (1.0\% \times 180 + 0.5) = \pm 2.3(V)$$

示值相对误差为

$$\gamma_{U1} = (\pm 2.3/180) \times 100\% = \pm 1.28\%$$

当测量值为 10V 时，允许绝对误差（即最大绝对误差）为

$$\Delta U_2 = \pm (1.0\% \times 10 + 0.5) = \pm 0.6(V)$$

示值相对误差为

$$\gamma_{U2} = (\pm 0.6/10) \times 100\% = \pm 6\%$$

由上述分析可看出，准确度越高的仪表，允许的基本误差越小，但并不表示测量结果的准确度也越高。仪表量程选择大了会增加测量结果的相对误差。因而选择仪表既要考虑准确度，又要考虑合适的量程。无论是测量指示仪表，还是数字表，通常应使被测量大于或等于仪表量程的 2/3。

仪表使用过程中，测量机构的性能可能发生变化，产生不允许的误差，因此需定期对使用的仪表进行检定，以确定仪表的误差、修正值和准确度。

第三节　测量误差的分类

在测量过程中，测量结果与被测值之间总是存在偏差。为了尽量减小测量误差，需要充分认识测量误差的规律性。根据误差的性质，测量误差可分为三类，下面逐一分析。

一、系统误差

在相同条件下，多次测量同一量时，误差的大小及符号均保持恒定或按一定规律变化，这类误差称作系统误差。系统误差主要是由以下三方面原因产生的：一是由于仪器仪表本身的缺陷或不准确所造成的误差；二是由于实验所依据的理论公式本身有近似性，或是由于实验方法不完善所带来的误差；三是由于操作者的操作水平、反应速度及生理和心理特点所造成的误差。

消除系统误差的关键取决于实验方法，以及对实验数据分析的深入程度，常用方法有以下几种。

1. 消除误差根源

对测量的过程和装置进行分析和研究，找出可能产生系统误差的因素，在测量前采取针对性措施，减弱或消除这些因素的影响。如用适当、精良的仪表，提高测量准确度；使用前细心调整；改善测量环境；提高实验人员技术水平等。

2. 对测量结果加以修正

根据经处理后存在的系统误差，算出修正值，加到测量结果上；或者进行理论和实验分析，在计算公式中加入修正项；也可以用较高一级的标准表校准一般仪表使测量结果得以修正。

3. 采用适当的测量方法

（1）正负误差补偿法。即对同一被测量反复测量两次，并使其中一次误差为正，另一次误差为负，取其平均值，便可消除系统误差。例如，为了消除外磁场对电流表读数的影响，可在一次测量之后，将电流表位置调转 180°，重新测量一次，取前后两次测量结果的平均值，可消除外磁场带来的系统误差。

（2）替代法。利用已知量代替被测量，如不改变仪表原来的读数状态，则认为被测量等于已知量。例如，用电桥测某一电阻 R_x，调电桥平衡后，取下 R_x，用一个标准电阻 R_S 代替 R_x，也能使电桥平衡，则认为 $R_x = R_S$。这种方法测得的 R_x 与电桥准确度无关，即消除了电桥产生的系统误差。

其他还有差值法、零值法等。

综上所述，清除系统误差的原则是：首先，设法使它不产生系统误差；第二，修正和减少；第三，设法在测量过程中消除。因此，在处理系统误差时，可将其分为两类来考虑：一类是绝对值和符号或变化规律已确定的称为已定系统误差；另一类是绝对值和符号或变化规律未确定的称为未定系统误差。处理数据时，应将已定系统误差从测量值中减去，得到修正后的最佳估计值。

二、随机误差

在相同条件下多次测量同一量时，大小和符号均可能发生变化的误差称随机误差。其值时大时小，符号时正时负，没有确定的变化规律。随机误差是由测量实验中许多独立因素的微小变化引起的（包括电源电压波动、外界干扰、温度的瞬间变化等）。

单次测量的随机误差是没有规律的，但测量次数足够多时，误差的总体是服从统计规律的。随机误差多数情况下接近于正态分布，因此可用数理统计方法来处理。随机误差一般呈现下面四种特性。

（1）有界性，绝对值很大的误差出现的概率接近零。

（2）单峰性，绝对值小的误差出现的概率比绝对值大的误差出现的概率大。

（3）对称性，绝对值相同的正负误差出现的概率相同。

（4）抵偿性，将全部随机误差相加时，正负误差具有相互抵消的趋向。

抵偿性是随机误差的重要特性，凡具有抵偿性的误差，原则上都属于随机误差。因此，增加测量次数取其平均值是减小随机误差的办法。

三、粗大误差

凡是测量时的客观条件所不能解释的、突出的误差称作粗大误差。含有粗大误差的读数明显歪曲了测量结果。

粗大误差的产生主要有两个原因：一是由于操作者的过失引起的，如不正确的使用仪器读数、记录、计算错误，或是使用了有缺陷的仪器；二是由测量中的统计规律决定的，当测量次数很多时，就可能会出现很大的随机误差。粗大误差通常称作坏值，在数据处理时应予以剔除。

对于第一类原因造成的坏值，可随时发现、剔除。对于第二类原因造成的坏值可应用统计判别法从测量数据中剔除，常用的是拉依达准则。当某一测量值的残差超出 3S（测量列标准差的 3 倍），即被认为是坏值。

坏值剔除后要重新计算测量列的算术平均值和标准差。

四、系统误差与随机误差的关系

系统误差和随机误差的区别不是绝对的，在一定条件下是可以相互转化的。如 1.0 级、100V 量程的电压表，它的允许绝对误差是 $\pm 1V$，即 $0.5V < |\Delta U_m| \leqslant 1.0V$ 时（$|\Delta U_m|$ 为电压表的最大绝对误差的绝对值），都可被看作合格的 1.0 级的电压表出厂。对于仪表厂而言，它是随机误差；对使用者来说，它又是系统误差。有时系统误差和随机误差是难以区分开的，例如操作者使用仪表时估算误差，往往既包含系统误差，又包含随机误差，数值总有偏大（或偏小）的倾向就是系统误差，每次偏大（或偏小）程度互不相同就是随机误差。

从概率统计的观点来看，可以广义地将系统误差也称作随机误差，不必过于强调它们的区别，都可以用概率统计理论进行统一的研究处理，而误差理论正是讨论随机误差问题的一门科学。

五、相关测量术语

对测量结果做总体评价时，一般应将系统误差和随机误差综合起来进行。根据 GB/T 6379.1—2004《测量方法与结果的准确度（正确度与精密度）第 1 部分：总则与定义》，通常用精密度、正确度和准确度来评定测量结果。

1. 精密度

精密度反映随机误差大小，是指多次重复测量中，测量读数重复一致的程度。

2. 正确度

正确度反映系统误差大小，是指测量结果与真值的偏离程度。

3. 准确度

准确度反映随机误差与系统误差综合的大小，是指测量结果与真值符合一致的程度。

对于测量而言，只有精密度和正确度都高，才能说准确度高。

第四节　测量结果的不确定度的估算及测量结果表示

国际计量局（BIPM）1980 年开始推广的，用不确定度来表述测量结果的可信赖程度的方法，在我国计量系统的各个领域都已采用，不确定度已取代原有的误差计算方法，成为对测量结果进行科学评定的重要、普遍采用的形式。不确定度是一个合理表征测量结果的分散性参数，目的在于说明测量结果的可信赖程度。不确定度越小，标志着误差的可能值越小，测量的可信赖程度越高。因此，在给出测量结果时，只有附加不确定度说明才是完整和有意义的。

下面介绍在电工测量及电工实验中不确定度的简化方案。

一、不确定度的概念

因为真值是未知的，所以按误差定义式（1-4）、式（1-7）无法计算误差，只能通过一定的方法对测量误差进行估计，这需要引入不确定度的概念。

测量结果的不确定度的定义是表征合理地赋予被测量之值的分散性，与测量结果相联系的参数。由于测量误差的存在而对被测量不能肯定的程度称之为不确定度。它反映了可能存在的误差分布范围，是表征真值以某个可能性大小的概率 P（称作置信概率）落在最佳估计值附近的一个区间（称作置信区间），用符号 Δ 表示。一个完整的测量结果的表示，既要给出最佳估计值，又要标出扩展不确定度（或称作展伸不确定度）

$$x = \bar{x} \pm \Delta \quad （单位） \quad (P = \rho) \tag{1-17}$$

式中　x——被测量；

　　$\bar{x}$——该被测量的测量值，它可以是单次被测量，也可以是多次直接测量的最佳估计值，还可以是间接测量的最佳估计值；

　　Δ——测量结果的扩展不确定度，是一个恒正的量，表明 $\bar{x}$ 的不确定程度，或者说是对真值可能存在的范围的估计，在单次被测量、多次直接测量或是间接测量中 Δ 具有不同的内容；

　　P——置信概率；

　　ρ——置信概率的值，对不同行业、不同学科、不同的要求，ρ 可取不同的值，常见的有 0.68、0.90、0.95、0.99 等。

一般在工业技术和商务活动中约定的 $P=0.95$，本书也取 $P=0.95$，要在不确定度的表达式的后面标出。例如：

单次测量结果　　　　$x = x_S \pm \Delta$　　（单位）　　$(P=0.95)$ （1-18）

多次测量结果　　　　$x = \bar{x} \pm \Delta$　　（单位）　　$(P=0.95)$ （1-19）

间接测量结果　　　　$N = \bar{N} \pm \Delta_N$　（单位）　　$(P=0.95)$ （1-20）

由式（1-18）、式（1-19）、式（1-20）可看出，被测量 x 或 N 的真值以置信概率 $P=0.95$ 落在 $(\bar{x}+\Delta,\ \bar{x}-\Delta)$ 或 $(\bar{N}+\Delta_N,\ \bar{N}-\Delta_N)$ 区间内，可以说是测量结果的一个范围。

要完整地表示一个被测量，应该有数值、不确定度和单位这三个要素。

按其数值的不同估算法，可将扩展不确定度分为两类：一类是 A 类分量，是通过重复测量得到的测量列，然后用统计方法对其估算出来的不确定度分量，记作 Δ_A；另一类是 B 类分量，是用非统计方法估算出来的不确定度分量，记作 Δ_B。在相同置信概率下，如果 A、B 两类不确定度分量彼此独立。将 Δ_A、Δ_B 按方和根的方法合成便得到了测量结果的扩展不确定度 Δ，即

$$\Delta = \sqrt{\Delta_A^2 + \Delta_B^2} \tag{1-21}$$

为了直观地认识测量质量，引入相对不确定度概念，用 U_r 表示。

单次测量结果　　　　$U_r = \Delta/x_S \times 100\%$　　$(P=0.95)$ （1-22）

多次测量结果　　　　$U_r = \Delta/\bar{x} \times 100\%$　　$(P=0.95)$ （1-23）

间接测量结果　　　　$U_r = \Delta_N/\bar{N} \times 100\%$　$(P=0.95)$ （1-24）

二、不确定度的估算

（一）直接测量结果的不确定度的估算

1. 单次直接测量

对于单次直接测量，不能用统计方法求 A 类分量，即 A 类不确定度为 0，所以只需考

虑 B 类不确定度，也就是

$$\Delta = \Delta_B = \sqrt{\sum_{i=1}^{n} u_i^2} \tag{1-25}$$

通常取 $n=1$，2，3…，当取置信概率 $P=0.95$ 时，近似有 $u_1 = \Delta_n$ 为仪表基本误差引起的不确定度，$u_2 = \Delta_n$ 为仪表附加误差引起的不确定度，$u_3 = \Delta_w$ 为方法误差引起的不确定度。

2. 多次直接测量

设已定系统误差已被减小到可以忽略的程度，对被测量 x 作 m 次等准确度的独立测量时，得一测量列 x_1，x_2，…，x_m，这 m 个数值一般是不相同的（由随机误差和一些系统误差造成），称作读数分散。根据误差理论，如果遵从正态分布，此测量列的分散程度（用标准偏差估计值表示）由贝塞尔公式计算

$$S(x_i) = \sqrt{\frac{\sum_{i=1}^{m}(x_i - \bar{x})^2}{m-1}} \tag{1-26}$$

如对 x 进行两遍 m 次测量，由于随机误差和一些系统误差的影响，所得到的两个最佳估计值不一定相同，这说明算术平均值本身也具有分散性，在误差理论中，这种分散性是用算术平均值的标准偏差 $S(\bar{x})$ 来描述的，即

$$S(\bar{x}) = \frac{S(x_i)}{\sqrt{m}} = \sqrt{\frac{\sum_{i=1}^{m}(x_i - \bar{x})^2}{m(m-1)}} \tag{1-27}$$

其统计意义为被测量真值在 $\bar{x} \pm S(\bar{x})$ 区间内的概率为 68%，所以应属于 A 类不确定度。

由式（1-27）画出的 $S(\bar{x})$ 和 m 的关系可分析出，开始随着 m 的增大 $S(\bar{x})$ 减小；可是，当 $m > 10$ 以后，再增加 m，$S(\bar{x})$ 减小的程度就不明显了。所以除特殊要求外，一般实验中的测量次数要求在 6～10 次即可。

再有，式（1-27）中的 m 是表示有限次测量的次数的，$S(\bar{x})$ 是符合 t 分布的。因此，为了适应有限次测量估算，必须对式（1-27）进行修正，并将修正后的结果作为 A 类不确定度的估算公式，即

$$\Delta_A = tS(\bar{x}) \tag{1-28}$$

式中　t——与测量次数有关的修正数（或称置信系数），可由表 1-2 查出。

表 1-2　　　　　　　　　　　t 分 布 表

m	2	3	4	5	6	7	8	9	10	15	20	∞
t	12.71	4.30	3.18	2.78	2.57	2.45	2.36	2.31	2.26	2.14	2.09	1.96

在国内，A 类不确定度有一个公认的简化评定方法，若测量次数 m 满足 $6 \leqslant m \leqslant 10$，同时取 $P=0.95$ 的置信概率，可以认为 $t \approx 2$，则

$$\Delta_A = 2S(\bar{x})$$

B 类分量，是用非统计方法估算出来的不确定度分量。在多次直接测量中，B 类不确定度分量要考虑仪表的基本误差，因其误差服从均匀分布，取置信概率 $P=0.557$ 时，则有 $u_1 = \Delta_n/\sqrt{3}$；取置信概率 $P=0.95$ 时，近似有 $u_1 = \Delta_n$。考虑仪表的附加误差，同样原因，取置

信概率 $P=0.95$ 时，也可取 $u_2=\Delta'_n$。考虑方法误差，则有 $u_3=\Delta_w$。所以，直接测量的扩展不确定度是上述两类不确定度分量按方和根法的合成（用均匀分布得到的 B 类分量与服从正态分布的 A 类分量来计算扩展不确定度时，要用卷积运算，但下面采用简化的计算方法），即

$$\Delta=\sqrt{\Delta_A^2+\Delta_B^2}=\sqrt{\Delta_A^2+u_1^2+u_2^2+u_3^2}=\sqrt{[tS(\bar{x})]^2+[\Delta_n]^2+[\Delta'_n]^2+[\Delta_w]^2}$$

$$(1\text{-}29)$$

（二）间接测量结果的不确定度的估算

间接测量结果的不确定度的估算是研究函数不确定度的问题，这主要是解决三个问题：一是，已知函数关系和自变量不确定度求函数的不确定度，这称为不确定度的综合问题；二是，已知函数关系和函数不确定度，求自变量不确定度，称误差分配；三是，寻找使函数不确定度达到最小值的条件。为解决这些问题，就需要寻找函数不确定度和变量不确定度的基本关系。

1. 间接测量结果的不确定度的传递公式

设间接测量量 N 是相互独立的直接测量量 x，y，z，…的函数，其函数关系如式（1-2）所示，为 $N=f(x,\ y,\ z,\ \cdots)$。

由于 x，y，z 都含有误差，所以 N 也必然含有误差。若已知测量结果为 $x=\bar{x}\pm\Delta_x$，$y=\bar{y}\pm\Delta_y$，$z=\bar{z}\pm\Delta_z$，…，则间接测量量的最佳估计值为 $\bar{N}=f(\bar{x},\ \bar{y},\ \bar{z},\ \cdots)$。因为不确定度都是一些微小的量，相当于数学中的增量，根据泰勒级数公式可以由各直接测量结果的不确定度得到间接测量结果的不确定度，这称为不确定度的合成或传递。下面给出不确定度合成的基本公式，即

$$\Delta_N=\sqrt{\left(\frac{\partial f}{\partial x}\Delta_x\right)^2+\left(\frac{\partial f}{\partial y}\Delta_y\right)^2+\left(\frac{\partial f}{\partial z}\Delta_z\right)^2+\cdots}$$

$$(1\text{-}30)$$

若函数 $N=f(x,\ y,\ z,\ \cdots)$ 为积商形式的函数，为计算方便，可先估算其相对不确定度，再估算其不确定度。如下：

对函数 N 取自然对数，得

$$\ln N=\ln f(x,y,z,\cdots)$$

$$(1\text{-}31)$$

再对式（1-31）求全微分，得

$$\frac{dN}{N}=\frac{\partial \ln N}{\partial x}dx+\frac{\partial \ln N}{\partial y}dy+\frac{\partial \ln N}{\partial z}dz+\cdots$$

$$(1\text{-}32)$$

用 Δ_N，Δ_x，Δ_y，Δ_z，…，替代 dN，dx，dy，dz，…，便得到间接测量的相对不确定度的方和根合成公式，即

$$U_r=\frac{\Delta_N}{N}=\sqrt{\left(\frac{\partial \ln N}{\partial x}\Delta_x\right)^2+\left(\frac{\partial \ln N}{\partial y}\Delta_y\right)^2+\cdots}$$

$$(1\text{-}33)$$

估算出相对不确定度后，便可算出不确定度，即

$$\Delta_N=\bar{N}U_r$$

$$(1\text{-}34)$$

另外，对不确定度进行粗略估算时，可采用间接测量的不确定度的算术合成公式，即

$$\Delta_N=\left|\frac{\partial f}{\partial x}\Delta_x\right|+\left|\frac{\partial f}{\partial y}\Delta_y\right|+\left|\frac{\partial f}{\partial z}\Delta_z\right|+\cdots$$

$$(1\text{-}35)$$

$$U_r=\frac{\Delta_N}{N}=\left|\frac{\partial \ln N}{\partial x}\Delta_x\right|+\left|\frac{\partial \ln N}{\partial y}\Delta_y\right|+\left|\frac{\partial \ln N}{\partial z}\Delta_z\right|+\cdots$$

$$(1\text{-}36)$$

式中　　　　$\dfrac{\partial f}{\partial x},\dfrac{\partial f}{\partial y},\dfrac{\partial f}{\partial z},\cdots$——不确定度传递系数；

$\frac{\partial f}{\partial x}\Delta_x$，$\frac{\partial f}{\partial y}\Delta_y$，$\frac{\partial f}{\partial z}\Delta_z$，…——局部不确定度；

$\frac{\partial \ln N}{\partial x}$，$\frac{\partial \ln N}{\partial y}$，$\frac{\partial \ln N}{\partial z}$，…——相对不确定度传递系数；

$\frac{\partial \ln N}{\partial x}\Delta_x$，$\frac{\partial \ln N}{\partial y}\Delta_y$，$\frac{\partial \ln N}{\partial z}\Delta_z$，…——局部相对不确定度。

用算术合成公式（1-35）得到的间接测量不确定度往往偏大，特别是当独立分量比较多的时候。用方和根合成式（1-30）～式（1-33）估算间接测量不确定度时，应使各直接测量的不确定度具有相同的置信概率。方和根合成方法是误差理论要求使用的标准的方法；算术合成方法是历史上沿用下来的在要求不太严格的场合使用得比较简单的方法。

由上面的公式可以推导出以下几个常用的公式（作为例题给出）。

【**例 1-3**】　设直接测量量 x，y，z 互相独立时，求函数①$N=x+y-z$；②$N=xy/z$ 的不确定度传递公式。

解　（1）对函数式 $N=x+y-z$ 求传递系数

有　　　　　　　　　　　　$\frac{\partial N}{\partial x}=1$，$\frac{\partial N}{\partial y}=1$，$\frac{\partial N}{\partial z}=-1$

代入式（1-30）有　　　　　　　$\Delta_N=\sqrt{\Delta_x^2+\Delta_y^2+\Delta_z^2}$

（2）函数 $N=xy/z$ 是积商形式，为方便计算，先求其相对不确定度，对 N 取自然对数得

$$\ln N=\ln x+\ln y-\ln z$$

对上式求全微分，得 $\frac{\mathrm{d}N}{N}=\frac{\partial \ln N}{\partial x}\mathrm{d}x+\frac{\partial \ln N}{\partial y}\mathrm{d}y-\frac{\partial \ln N}{\partial z}\mathrm{d}z$

用不确定度代替全微分，再经方和根合成便得到相对不确定度传递公式，即

$$U_\mathrm{r}=\frac{\Delta_N}{N}=\sqrt{\left(\frac{\Delta_x}{\bar{x}}\right)^2+\left(\frac{\Delta_y}{\bar{y}}\right)^2+\left(\frac{\Delta_z}{\bar{z}}\right)^2}$$

表 1-3 和表 1-4 为常用函数不确定度的传递公式。

表 1-3　　　　　　　　　　适用于和差形式函数不确定度传递公式

函数形式 $N=f(x,y,z,\cdots)$	不确定度 Δ_N
$N=x+y+z+\cdots$	$\Delta_N=\sqrt{\Delta_x^2+\Delta_y^2+\Delta_z^2+\cdots}$
$N=x-y-z$	$\Delta_N=\sqrt{\Delta_x^2+\Delta_y^2+\Delta_z^2}$
$N=\sin x$	$\Delta_N=|\cos x|\Delta_x$
$N=\cos x$	$\Delta_N=|\sin x|\Delta_x$

表 1-4　　　　　　　　　　适用于积商形式函数不确定度传递公式

函数形式 $N=f(x,y,z,\cdots)$	相对不确定度 $U_\mathrm{r}=\frac{\Delta_N}{N}$
$N=x\cdot y\cdot z$	$U_\mathrm{r}=\sqrt{\left(\frac{\Delta_x}{\bar{x}}\right)^2+\left(\frac{\Delta_y}{\bar{y}}\right)^2+\left(\frac{\Delta_z}{\bar{z}}\right)^2}$
$N=x^n$	$U_\mathrm{r}=n\frac{\Delta_x}{\bar{x}}$
$N=\sqrt[n]{x}$	$U_\mathrm{r}=\frac{1}{n}\frac{\Delta_x}{\bar{x}}$
$N=\frac{x}{y}$	$U_\mathrm{r}=\sqrt{\left(\frac{\Delta_x}{\bar{x}}\right)^2+\left(\frac{\Delta_y}{\bar{y}}\right)^2}$

间接测量的不确定度传递公式，不仅可用来估算不确定度，还可用于误差分析和实验设计，从而可以合理地选择测量仪器和实验的最佳方案。

2. 不确定度的综合

应用不确定度的传递公式，根据直接测量结果，就可估算间接测量结果的不确定度。

【例 1 - 4】 用伏安法测电阻，已知电压表准确度为 0.5 级，量程为 300V，测量值为 240V；电流表准确度为 0.5 级，量程为 3A，测量值为 2A。求测量误差。

解 所测电阻值为

$$R = \frac{U}{I} = \frac{240}{2} = 120(\Omega)$$

根据式（1 - 36），电阻的相对不确定度为

$$U_r = \left| \frac{\partial \ln R}{\partial U} \Delta_U \right| + \left| \frac{\partial \ln R}{\partial I} \Delta_I \right| = \left| \frac{\Delta_U}{U} \right| + \left| \frac{\Delta_I}{I} \right|$$

$$= \left| \frac{300 \times 0.5\%}{240} \right| + \left| \frac{3 \times 0.5\%}{2} \right| = 1.375\% \approx 1.4\%$$

【例 1 - 5】 5 个名义值为 1000Ω，0.1 级标准电阻串联。总电阻的名义值为 5000Ω。求总电阻的不确定度。

解 各标准电阻的不确定度为

$$\Delta_i = 1000 \times 0.1\% = 1(\Omega)$$

总电阻的不确定度为

$$\Delta_R = \sqrt{\sum_{i=1}^{5} \Delta_i} = \sqrt{5} = 2.2(\Omega)$$

相对不确定度为

$$U_r = \frac{\Delta_R}{R} = \frac{2.2}{5000} = 0.04\%$$

3. 不确定度的分配

在实际测量中，对间接测量的不确定度通常是提出明确要求的，而对其有关的直接测量量的不确定度不提出明确的要求，并可在某些假设条件下，进行不确定度的分配。

不确定度的分配首先是按等作用假设进行的，即假设各个直接测量量的不确定度对间接测量的不确定度的影响是相等的，然后根据对间接测量的不确定度提出的要求，得到各直接测量量的不确定度的要求，从而确定各直接测量中应选用的仪器。例如，用方和根合成公式

$$\Delta_N = \underbrace{\sqrt{\left(\frac{\partial f}{\partial x} \Delta_x \right)^2 + \left(\frac{\partial f}{\partial y} \Delta_y \right)^2 + \left(\frac{\partial f}{\partial z} \Delta_z \right)^2 + \cdots}}_{m \uparrow}$$

进行不确定度分析时，则假设

$$\underbrace{\left| \frac{\partial f}{\partial x} \Delta_x \right| = \left| \frac{\partial f}{\partial y} \Delta_y \right| = \left| \frac{\partial f}{\partial z} \Delta_z \right| = \cdots = \frac{\Delta_N}{\sqrt{m}}}_{m \uparrow} \tag{1 - 37}$$

式（1 - 37）得到的是按等作用假设获得的分配结果。但由于各自变量的传递系数不同，

即各个直接测量量的不确定度对合成不确定度的影响不同，所以这种分配不一定合理。所以接下来应根据现有水平、设备情况、实验环境、$\frac{\Delta_N}{\sqrt{m}}$ 对 Δ_N 影响大小等具体情况，对上一步求得的合成不确定度 Δ_N 进行进一步调整，使分配更加合理。最后，还要将分配确定的各变量的不确定度代入不确定度综合公式，验证一下是否满足函数不确定度的要求。

如果函数不确定度以相对不确定度形式表示时，同样可仿照上述方法进行分配。

【例1-6】 如图1-1所示，设计一个直流电桥，要求电桥的相对不确定度 $U_r=0.1\%$，问各个桥臂电阻的相对不确定度应为多少？

解 测量结果表达式为

$$R_x = \frac{R_2}{R_3}R_4$$

则总的不确定度为

$$U_r = \sqrt{\left(\frac{\partial \ln R_x}{\partial R_2}\Delta_{R2}\right)^2 + \left(\frac{\partial \ln R_x}{\partial R_3}\Delta_{R3}\right)^2 + \left(\frac{\partial \ln R_x}{\partial R_4}\Delta_{R4}\right)^2}$$

$$= \sqrt{\left(\frac{\Delta_{R2}}{R_2}\right)^2 + \left(\frac{\Delta_{R3}}{R_3}\right)^2 + \left(\frac{\Delta_{R4}}{R_4}\right)^2}$$

首先按等作用假设分配，即

$$\left|\frac{\Delta_{R2}}{R_2}\right| = \left|\frac{\Delta_{R3}}{R_3}\right| = \left|\frac{\Delta_{R4}}{R_4}\right| = \frac{U_r}{\sqrt{m}} = \frac{U_r}{\sqrt{3}} = \frac{1}{\sqrt{3}} \times 0.1\% = 0.06\%$$

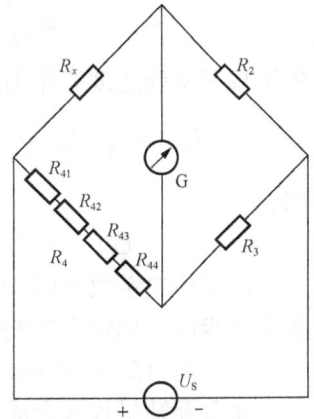

图1-1 例1-6图

由于 R_4 是比较臂，由4个十进制可变电阻组成，要达到 0.06% 的准确度，制造起来比较困难。而 R_2、R_3 是比例臂，电阻数目少，调整起来比较容易。根据这个情况，应分配给 R_4 较大的不确定度。分配给 R_2、R_3 较小的不确定度。所以重新分配各变量的局部相对不确定度为

$$U_{r2} = \frac{\partial \ln R_x}{\partial R_2}\Delta_{R2} = \frac{\Delta_{R2}}{R_2} = 0.02\%$$

$$U_{r3} = \frac{\partial \ln R_x}{\partial R_3}\Delta_{R3} = \frac{\Delta_{R3}}{R_3} = 0.02\%$$

$$U_{r4} = \frac{\partial \ln R_x}{\partial R_4}\Delta_{R4} = \frac{\Delta_{R4}}{R_4} = 0.05\%$$

将分配结果代入原来不确定度的合成公式验证

$$U_r = \sqrt{U_{r2}^2 + U_{r3}^2 + U_{r4}^2}$$

$$= \sqrt{(0.02\%)^2 + (0.02\%)^2 + (0.05\%)^2}$$

$$= 0.057\% < 0.06\%$$

满足了设计要求。

下面再根据 $U_{r4}=0.05\%$，求对比较臂各十进盘的相对不确定度的要求。比较臂由4个可变电阻 R_{41}、R_{42}、R_{43}、R_{44} 串联组成，即

$$R_4 = R_{41} + R_{42} + R_{43} + R_{44}$$

且有

$$R_{41} = 10R_{42} = 100R_{43} = 1000R_{44}$$

$$\Delta_{R4} = \Delta_{41} + \Delta_{42} + \Delta_{43} + \Delta_{44}$$

按方和根合成公式，R_4 的相对不确定度合成公式为

$$U_{r4} = \sqrt{\left(\frac{\Delta_{41}}{R_4}\right)^2 + \left(\frac{\Delta_{42}}{R_4}\right)^2 + \left(\frac{\Delta_{43}}{R_4}\right)^2 + \left(\frac{\Delta_{44}}{R_4}\right)^2}$$

$$= \sqrt{\left(\frac{R_{41}}{R_4}U_{41}\right)^2 + \left(\frac{R_{42}}{R_4}U_{42}\right)^2 + \left(\frac{R_{43}}{R_4}U_{43}\right)^2 + \left(\frac{R_{44}}{R_4}U_{44}\right)^2}$$

$$\approx \sqrt{(U_{41})^2 + \left(\frac{1}{10}U_{42}\right)^2 + \left(\frac{1}{100}U_{43}\right)^2 + \left(\frac{1}{1000}U_{44}\right)^2} \qquad (1-38)$$

先按局部不确定度等作用假设进行分配

$$U_{41} = \frac{1}{10}U_{42} = \frac{1}{100}U_{43} = \frac{1}{1000}U_{44} = \frac{U_{r4}}{\sqrt{m}} = \frac{0.05\%}{\sqrt{4}} = \frac{0.05\%}{2} = 0.025\%$$

则有

$$U_{41} = 0.025\%; \quad U_{42} = 0.25\%; \quad U_{43} = 2.5\%; \quad U_{44} = 25\%$$

由于传递系数不同，各局部不确定度对合成不确定度的贡献不同。按等作用假设确定的各十进盘的不确定度相差很大，为此重新调整如下

$$U_{41} = 0.045\%; \quad U_{42} = 0.125\%; \quad U_{43} = 0.22\%; \quad U_{44} = 0.4\%$$

将分配结果代入合成公式验算

$$U_{r4} = 0.047\% < 0.05\%$$

满足测量要求。由式（1-38）可以看出，测量盘的准确度主要由第一测量盘决定。从分配情况看，必须用到第一测量盘，才能保证测量准确度。所以，当使用电桥、电位差计等类似仪器时，第一测量盘一定要有读数。

4. 实验方案的最佳选择

所谓最佳选择就是选择扩展不确定度为最小的实验方案。

【例 1-7】 通过对电流 I、电压 U、电阻 R 的测量来间接测量电功率 P，而现有的测量准确度为 $\frac{\Delta_I}{I} = 2.0\%$，$\frac{\Delta_U}{U} = 2.5\%$，$\frac{\Delta_R}{R} = 0.1\%$；试选择最佳测量方案。

解 间接测量电功率有三种方法。

(1) $P = I^2R$，则 $U_r = \frac{\Delta_P}{P} = \sqrt{\left(\frac{2\Delta_I}{I}\right)^2 + \left(\frac{\Delta_R}{R}\right)^2} = 4.0\%$

(2) $P = \frac{U^2}{R}$，则 $U_r = \frac{\Delta_P}{P} = \sqrt{\left(\frac{2\Delta_U}{U}\right)^2 + \left(\frac{\Delta_R}{R}\right)^2} = 5.0\%$

(3) $P = IU$，则 $U_r = \frac{\Delta_P}{P} = \sqrt{\left(\frac{\Delta_I}{I}\right)^2 + \left(\frac{\Delta_U}{U}\right)^2} = 3.2\%$

因为第三种方法测量电功率的不确定度最小，所以为最佳测量方案。

（三）数据处理程序及测量结果的表示

1. 单次直接测量

在单次直接测量中，将单次直接测量值 x_S 作为最佳估计值。测量的不确定度为 B 类不确定度，用 $\Delta_B = \sqrt{\sum_{i=1}^{n} u_i^2}$ 表示 ［见式（1-25）］。这样，测量结果表示为

$$x = x_{\mathrm{S}} \pm \Delta_{\mathrm{B}} \qquad (P = 0.95)$$

2. 多次直接测量

多次直接测量数据处理的一般步骤如下。

（1）计算算术平均值 $\bar{x}$

$$\bar{x} = \frac{1}{m} \sum_{i=1}^{m} x_i$$

并将其作为最佳估计值。

（2）求出算术平均值的标准偏差

$$S(\bar{x}) = \frac{S(x_i)}{\sqrt{m}} = \sqrt{\frac{\sum_{i=1}^{m}(x_i - \bar{x})^2}{m(m-1)}}$$

（3）查表 1-2 确定与 m 对应的 t 值，求出 A 类不确定度分量 $\Delta_{\mathrm{A}} = tS(\bar{x})$（单位）；确定

仪表测量误差，求出 B 类不确定度分量 $\Delta_{\mathrm{B}} = \sqrt{\sum_{i=1}^{n} u_i^2}$。

求出扩展不确定度　　　$\Delta = \sqrt{(\Delta_{\mathrm{A}}^2 + \Delta_{\mathrm{B}}^2)} \quad (P = 0.95)$

（4）表示出测量结果　　　$x = \bar{x} \pm \Delta \quad (P = 0.95)$

算出相对不确定度　　　$U_{\mathrm{r}} = \Delta/\bar{x} \times 100\% \quad (P = 0.95)$

【例 1-8】　用 0.2 级、10mA 量程的电流表测量某电路的电流 6 次，测得的值为 8.34、8.36、8.35、8.33、8.32、8.37mA，环境温度 $T = 23℃$，试写出测量结果。

解　（1）计算最佳估计值

$$\bar{I} = \frac{1}{m} \sum_{j=1}^{m} I_j = \frac{1}{6}(8.34 + 8.36 + \cdots + 8.37) = 8.34(\mathrm{mA})$$

（2）查表 1-2，当 $m = 6$ 时，$t = 2.57$，则

$$\Delta_{\mathrm{A}} = tS(\bar{I}) = t\sqrt{\frac{\sum_{j=1}^{m}(I_j - \bar{I})^2}{m(m-1)}} = 2.57 \times \sqrt{\frac{(8.34 - 8.34)^2 + \cdots + (8.37 - 8.34)^2}{6 \times 5}}$$

$$= 0.02(\mathrm{mA})$$

因无温度引起的附加误差，也无方法误差，故只需考虑由基本误差引起的 B 类不确定度，所以

$$\Delta_{\mathrm{B}} = \sqrt{\sum_{i=1}^{n} u_i^2} = \Delta_{\mathrm{n}} = 10 \times 0.2\% = 0.02(\mathrm{mA})$$

（3）计算扩展不确定度

$$\Delta_I = \sqrt{(\Delta_{\mathrm{A}}^2 + \Delta_{\mathrm{B}}^2)} = \sqrt{0.02^2 + 0.02^2} = 0.03(\mathrm{mA}) \quad (P = 0.95)$$

（4）测量结果

$$I = \bar{I} \pm \Delta_I = (8.34 \pm 0.03)(\mathrm{mA}) \qquad (P = 0.95)$$

$$U_{\mathrm{r}} = \frac{\Delta_I}{\bar{I}} \times 100\% = \frac{0.03}{8.34} \times 100\% = 0.36\% \qquad (P = 0.95)$$

说明 I 的真值大约 95% 的概率（可能性）出现在 8.31～8.37mA 的范围内。

3. 间接测量

间接测量的数据处理一般步骤如下。

（1）按照直接测量的数据处理步骤求出各直接测量量的结果，即

$$x = \overline{x} \pm \Delta_x, y = \overline{y} \pm \Delta_y, z = \overline{z} \pm \Delta_z, \cdots$$

（2）将各直接测量的最佳估计值代入函数关系式，求出间接测量的最佳估计值，即

$$\overline{N} = f(\overline{x}, \overline{y}, \overline{z}, \cdots)$$

（3）求出不确定度的方和根合成公式

$$\Delta_N = \sqrt{\left(\frac{\partial f}{\partial x}\Delta_x\right)^2 + \left(\frac{\partial f}{\partial y}\Delta_y\right)^2 + \left(\frac{\partial f}{\partial z}\Delta_z\right)^2 + \cdots}$$

$$U_r = \frac{\Delta_N}{\overline{N}} = \sqrt{\left(\frac{\partial \ln N}{\partial x}\Delta_x\right)^2 + \left(\frac{\partial \ln N}{\partial y}\Delta_y\right)^2 + \cdots}$$

（4）算出 Δ_N。

（5）测量结果 　　　　$N = \overline{N} \pm \Delta_N$（单位）　　　　（$P = 0.95$）

　　　　　　　　　　$U_r = \Delta_N / \overline{N} \times 100\%$　　　　（$P = 0.95$）

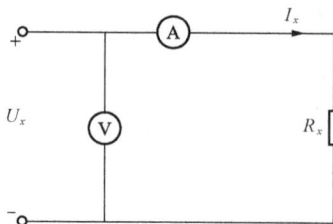

图 1-2　例 1-9 图

【例 1-9】 测量直流电阻的实验电路如图 1-2 所示。由欧姆定律可知，被测电阻为 $R_x = U_x / I_x$，其中 U_x、I_x 分别为电压表和电流表的示值。已知电压表的准确度 $K_V = 0.2$ 级，量限 $U_m = 10V$。电流表准确度 $K_A = 0.5$ 级，量限 $I_m = 90mA$，内阻 $R_A = 0.9\Omega$。测量数据见表 1-5 和表 1-6。室温为 30℃，求被测电阻及测量误差。

表 1-5　　　　　　　　　　　　　　　电压表测量数据

m	1	2	3	4	5	6
U（V）	8.02	7.98	7.99	8.01	8.00	7.98

表 1-6　　　　　　　　　　　　　　　电流表测量数据

m	1	2	3	4	5	6
I（mA）	90.04	90.01	89.96	89.98	89.97	90.03

解　（1）求出各直接测量量的结果表示。

1）电压 U_x。

$$\overline{U}_x = \frac{1}{6}\sum_{j=1}^{6} U_{xj} = \frac{1}{6}(8.02 + 7.98 + \cdots + 7.98) = 8.00(V)$$

查表 1-2，当 $m = 6$ 时，$t = 2.57$，则

$$\Delta_A = tS(\overline{U}_x) = t\sqrt{\frac{\sum_{j=1}^{m}(U_j - \overline{U}_x)^2}{m(m-1)}}$$

$$= 2.57 \times \sqrt{\frac{(8.02 - 8.00)^2 + \cdots + (7.98 - 8.00)^2}{6 \times 5}} = 0.02(V)$$

由基本误差引起的不确定度　　　　$\Delta_n = 10 \times 0.2\% = 0.02(V)$

由附加误差引起的不确定度　　　　$\Delta'_n = \Delta_n = 10 \times 0.2\% = 0.02(V)$

$$\Delta_B = \sqrt{\sum_{i=1}^{n} u_i^2} = \sqrt{\Delta_n^2 + (\Delta_n')^2} = \sqrt{0.02^2 + 0.02^2} = 0.03(V)$$

所以 $\Delta_U = \sqrt{\Delta_A^2 + \Delta_B^2} = \sqrt{0.02^2 + 0.03^2} = 0.04(V)$　　　$(P = 0.95)$

$U_x = \overline{U}_x \pm \Delta_U = (8.00 \pm 0.04)(V)$　　　$(P = 0.95)$

2）电流 I_x。

$$\overline{I}_x = \frac{1}{6}\sum_{j=1}^{6} I_{xj} = \frac{1}{6}(90.04 + 90.01 + \cdots + 90.03) = 90.00(mA)$$

$$\Delta_A = tS(\overline{I}_x) = t\sqrt{\frac{\sum_{j=1}^{m}(I_j - \overline{I}_x)^2}{m(m-1)}}$$

$$= 2.57 \times \sqrt{\frac{(90.04-90)^2 + \cdots + (90.03-90)^2}{6 \times 5}} = 0.014(mA)$$

$$\Delta_n = 90 \times 0.5\% = 0.45(mA)$$

$$\Delta_n' = \Delta_n = 90 \times 0.5\% = 0.45(mA)$$

$$\Delta_B = \sqrt{\sum_{i=1}^{n} u_i^2} = \sqrt{\Delta_n^2 + (\Delta_n')^2} = \sqrt{0.45^2 + 0.45^2} = 0.64(mA)$$

所以 $\Delta_I = \sqrt{\Delta_A^2 + \Delta_B^2} = \sqrt{0.014^2 + 0.64^2} = 0.64(mA)$　　$(P = 0.95)$

$I_x = \overline{I}_x \pm \Delta_I = (90.00 \pm 0.64)(mA)$　　　$(P = 0.95)$

（2）计算被测电阻 R_x 的最佳估计值和由方法误差引起的不确定度 Δ_W。

$$\overline{R}_x = \overline{U}_x/\overline{I}_x = \frac{8}{90 \times 10^{-3}} = 88.89(\Omega)$$

$$\Delta_W = R_A = 0.9(\Omega)$$

（3）由积商形式函数的相对不确定度传递公式，得

$$U_r = \sqrt{\left(\frac{\Delta_U}{\overline{U}_x}\right)^2 + \left(\frac{\Delta_I}{\overline{I}_x}\right)^2 + \left(\frac{\Delta_W}{\overline{R}_x}\right)^2} = \sqrt{\left(\frac{0.04}{8}\right)^2 + \left(\frac{0.64}{90}\right)^2 + \left(\frac{0.9}{88.89}\right)^2} = 1.3\%$$

$$\Delta_R = \overline{R}_x U_r = 88.89 \times 1.3\% = 1.1(\Omega)\quad(P = 0.95)$$

（4）测量结果表示为

$$R_x = \overline{R}_x \pm \Delta_R = (88.9 \pm 1.1)(\Omega)\quad(P = 0.95)$$

第五节　实验结果的数据处理和图解处理

一、实验结果的数据处理

测量值由于存在误差，都是一些真值的近似值。因此，它们的记录和运算与数学中的记录和运算是不同的，必须引入有效数字的概念。

（一）有效数字的概念

在计算及测量结果的表示中，数据的位数要根据测量误差或不确定度而定。例如，测量电路电压，最后算得的最佳估计值 $\overline{U} = 7.8132V$，不确定度 $\Delta_U = 0.01V$；由不确定度可看出，小数点后第二位是不准确的，其后的两位数字"32"也就没有意义。因此最后的测量结果应表示为 $U = (7.81 \pm 0.01)$ V，在"7.81"这 3 位数字中，前两位是准确数字，最后一

位是欠准数字。

将包含准确数字和一位到两位欠准数字的全部称作有效数字。或者说，在电测及电工实验中，从左起第一位非零数字到欠准数字的全部数字称作有效数字。因此，有效数字的最后一位到两位是误差所在位。

有效数字的位数可以反映测量时所用仪器的分度值和测量的准确度。大体上可以说，有效数字位数越多，结果的准确度越高。例如，用不同等级的 100V 电压量程的电压表所得结果如下。

用 2.0 级的表测量　　　　$U=85\text{V}$，$\Delta_n=2.0\text{V}$，$U_r=\dfrac{2.0}{85}=2.4\%$

用 0.5 级的表测量　　　　$U=85.2\text{V}$，$\Delta_n=0.5\text{V}$，$U_r=\dfrac{0.5}{85.2}=0.6\%$

用 0.05 级的表测量　　　 $U=85.23\text{V}$，$\Delta_n=0.05\text{V}$，$U_r=\dfrac{0.05}{85.23}=0.06\%$

可以看出，测量结果的有效数字位数依次多了一位，相对不确定度依次减小，准确度依次提高。因此，在记录数据和进行计算时，不可随意增减位数。

（二）数值书写规则

在十进位单位中，为了使一个数据的有效数字位数在单位变换时保持且必须保持不变，或当数值很大、很小时，用具有一位整数和若干位小数的数乘以 10 的幂次来表示它们。例如，$23.76\text{V}=2.376\times10^4\text{mV}=2.376\times10^{-2}\text{kV}$；又如，我国某年人口为八亿六千万，极限误差为二千万，应写作 $(8.6\pm0.2)\times10^4$ 万；应把 $(0.000512\pm0.000003)\text{m}$ 写作 $(5.12\pm0.03)\times10^{-4}\text{m}$。这样，既保持了有效数字的位数，又表明和保持了数值的大小，而且在计算时也容易定位。

（三）有效数字的修约规则

1. 一般通用规则

在数据处理的计算中，经常涉及数据尾数的舍入问题，一般通用的修约规则是："四舍六入五凑偶"，具体说则是小于 5 舍，大于 5 入；恰好等于 5，修约按偶数；5 前奇入 1，5 前偶舍去；5 后若有数，一概往前入。

例如，将下列左边各数化为 4 位有效数字的数，得

9.817|72　⟶　9.818　（大于 5 入）

1.324|631　⟶　1.325　（大于 5 入）

5.378|501　⟶　5.379　（5 后有数往前入）

3.141|59　⟶　3.142　（5 后有数往前入）

7.694|29　⟶　7.694　（小于 5 舍）

2.711|499　⟶　2.711　（小于 5 舍）

6.326|50　⟶　6.326　（5 前偶舍去）

4.510|50　⟶　4.510　（5 前偶舍去）

3.623|5　⟶　3.624　（5 前奇入 1）

2. 测量结果中，最佳估计值与不确定度的取位与修约规则

（1）不确定度的取位。假设不确定度 Δ 的首位数为 A，次位数为 B，可使用这样的规

则：$A \geqslant 5$ 时，Δ 取 1 位数字。$A \leqslant 4$ 时，①若 $B < A$，或 $B + A > 9$，Δ 取 1 位数字；②其余情况，Δ 取 2 位数字。$A \leqslant 4$，不确定度的位数由首位数和次位数决定，就是表 1-7 中的形式。

（2）测量结果中，最佳估计值小数点后的末位要与不确定度小数点后的末位对齐。例如，$U = (31.53 \pm 0.03)$V，$R = (435.4 \pm 0.4)\Omega$。这样就涉及最佳估计值尾数的修约规则，仍然按"四舍六入五凑偶"的规则执行。

表 1-7　$A \leqslant 4$，不确定度的位数确定

首位数	次位数	位数
1	0；9	1
	1～8	2
2	0，1；8，9	1
	2～7	2
3	0～2；7～9	1
	3～6	2
4	0～3；6～9	1
	4，5	2

（四）有效数值的运算规则

在数据处理过程中，常要进行许多中间运算，这就需要按照一定的运算规则来确定其结果的有效数字位数，总的原则如下。

（1）准确数字与准确数字进行四则运算的结果仍为准确数字。

（2）准确数字与欠准数字或欠准数字与欠准数字进行四则运算，其结果仍为欠准数字。

（3）有效数字与有效数字进行四则运算的结果仍为有效数字。

（4）运算结果的有效数字中，只保留一位或两位欠准数字，其尾数的舍入仍按"四舍六入五凑偶"的规则处理。

根据上述总原则，可得到以下具体的有效数字运算规则。

（1）加减运算结果（和或差）的小数点后的有效数字位数，与参算各数中小数点后有效数字位数最小的相同。例如（为了明显，在数据的欠准数字下加一横线）

$$352.\underline{3} + 2.56\underline{2} = 354.\underline{862} = 354.\underline{9} = 3.54\underline{9} \times 10^2$$
$$38.\underline{25} - 5.\underline{4} = 32.\underline{85} = 32.\underline{8}$$

（2）乘除运算结果（积或商）的有效数字位数，与参算各数中有效数字位数最少的相同。例如

$$25.\underline{2} \times 28 = 7\underline{06} = 7.\underline{1} \times 10^2$$
$$3569.\underline{4} \div 18.\underline{5} = 192.\underline{940}\cdots = 19\underline{3} = 1.9\underline{3} \times 10^2$$

（3）乘方、开方运算结果的有效数字位数，与底数的有效数字位数相同。例如

$$(4.23\underline{7})^2 = 17.952169 = 17.9\underline{5}$$
$$\sqrt{35.\underline{4}} = 5.9498\cdots = 5.9\underline{5}$$

（4）一个数的对数的尾数的有效数字位数，与该数的有效数字位数相同，其余的尾数按"四舍六入五凑偶"规则处理。例如

$$\lg 7.548 = 0.87783189 = 0.8778$$
$$\lg 75.48 = 1.87783189 = 1.8778$$

（5）常数（位数有限的如 2、1/2、1/4 等或位数无限的如 π、e、g、$\sqrt{2}$ 等）的有效数字位数可以认为是无限的，参加运算时，它们只需比最佳估计值多取一位有效数字即可。

以上这些规则一般情况下是成立的，有时会有一位的出入。为了防止由于数字的舍入后

运算引起的新误差，中间运算的结果，可按规则多取一位有效数字。合成不确定度时，也可遵照此原则，最后确定扩展不确定度的有效数字位数时，再按不确定度取位规则来取位。

（五）数据列表法

在记录和处理数据时，常将所得的数据列成表，这样可以简单明确，一目了然地反映出有关被测量之间的对应关系，便于随时查对和及时发现问题，有助于找出有关被测量之间的规律性联系，进而求出经验公式。

二、实验结果的图解处理

测量结果除了用数据表示外，有时还需画出各种曲线来表示两个物理量之间的关系。这种方法能简便直观地显示物理量之间的关系，并能比较准确地确定有关物理量的数值或求出相关常数。测量过程中存在不确定度，因此在坐标纸上获得的所有测量数据点不可能全部落在一条平滑的曲线上，这就要求从大量的含有不确定度的数据中确定一条比较理想的平滑曲线，这一工作称为曲线的拟和或修匀。工程上常用的实验结果图解处理方法可概括为如下几种。

（一）数据列表

作图之前，为了避免差错，应将测量数据列表备查。

（二）坐标的选择与分度

最常用的作图坐标位直角坐标，对于函数 $y = f(x)$，一般以自变量 x 为横坐标，因变量 y 为纵坐标；坐标轴末端近旁标明所代表的物理量及单位，坐标值应采用"量/单位"的形式表示。

坐标的分度是否恰当，关系到能否反映出函数关系，具体要求如下。

（1）图上坐标读数的有效数字应大体与实验数据的有效数字位数相同。

（2）分度应以不经计算就能直接读出图线上每一点的坐标为宜，所以通常取 1、2、5、10 等，而不取 3、7、9 等。

（3）分度应使图形占图纸的大部分，分度过细图形太大，而分度过粗图形太小。相同的实验数据因分度不同可以得出完全不同的图形。

（4）横坐标与纵坐标分度可以不同，两轴的交点即坐标原点也可不为零，而采取比实验数据中最小值再小一些的整数为开始值。如果实验数据特别大或特别小，可以在数值中提出乘积因子，例如 10^2、10^{-2} 等。将这些乘积因子放在坐标轴最大值端点。

（三）测量数据点的表示与选择

（1）表示方法。当实验数据点不醒目且易被描绘的曲线遮盖，或在同一坐标图中有几条曲线时，数点极易混淆，因此用"＋"、"×"、"○"、"·"等符号标明数据点，其中心应与数据点重合，标记一般在 1mm 左右。不同的图形中图线应采用不同符号，并在坐标纸的适当位置注明图例。

（2）数点选择方法。数点的选择应根据曲线的具体形状而定。为了方便作图，通常各数据点应大体上沿曲线均匀分布，因而数据点沿 x 或 y 轴的分布就不一定是均匀的，如图 1-3 所示。此外在曲率较大的区段数据点分布应适当密一些，曲率较小的区段则可稀一些。对曲线的某个重要区间，应特别加以注意。例如在极值点附近，测量点应密集选取，以尽可能测出真正的极值，如图 1-4 中曲线×—×—×所示。否则有可能出现错误的结果，如图 1-4 中曲线○—○—○所示。

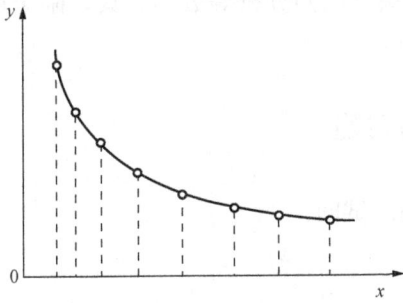

图 1-3 曲线上数据点的分布

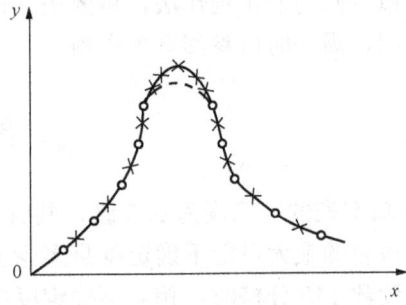

图 1-4 极值点附近测量点的取法

当曲线的形状完全不知道时，应先逐步设置 x 的分度，并粗略地观察 y 的变化情况，再确定各数点的分布。

（四）曲线修匀

由于测量数据点不可能避免误差，所以在一般情况下不应直接将各数据点，连成一条折线，也不要连成一条弯弯曲曲的曲线，而硬性通过所有的数据点，如图 1-5 所示。

（1）当测量数据点的弥散程度不大时，可应用绘图曲线板或徒手作出一条尽可能靠近多个数据点，且曲线两侧的数据点数目相差不多的平滑拟合曲线，如图 1-6 所示。对严重偏离曲线的个别点应舍弃。

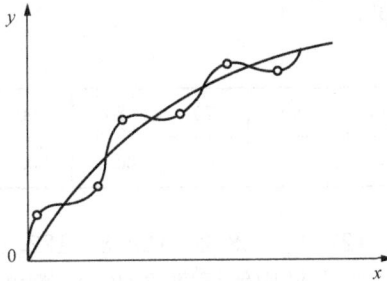

图 1-5 硬性通过所有的数据点

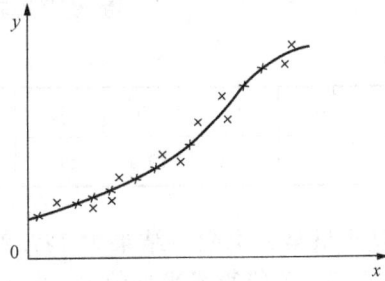

图 1-6 平滑拟合曲线

（2）当数据点的弥散度较大时，徒手绘制拟合曲线是比较困难的，并且不同的人作出的拟合曲线可能会有很大的差别。为了提高作图精度，工程上常用分组平均作图法。分组平均作图法，就是沿 x 轴把数据点分成若干个组（例如分成 m 个组），列出表格，分别求出各组的平均值 $(\bar{x}_1, \bar{y}_1)$，$(\bar{x}_2, \bar{y}_2)$，$\cdots$，$(\bar{x}_m, \bar{y}_m)$，然后再根据这些平均值作图。这种分组平均的过程，就是一种简单的平差过程，其作用是削减测量误差的影响，使作图较为方便和准确。

分组的粗细应视具体情况而定，且每组内的点数也不必相同，在曲线的曲率较大的区段可适当分的细些，而在曲率较平坦的区段可适当分的粗些。

当要求不高时，也可直接在图上用目测平均的方法作图。例如用目测两数据点连线中点为平均值作图。也可用目测取相邻 3 个数据点的三角形的几何重心作为平均值作图。

曲线拟合修匀的正规作法，将要用到最小二乘法、回归分析等数学工具，限于篇幅，这里不作介绍，需要时可参阅有关资料。

思考题与习题

1. 某功率表的准确度为 0.5 级，共有 150 分格。试问：

（1）该表的最大可能不确定度是多少分格？

（2）读数 140 分格时，相对不确定度多大？

（3）读数 40 分格时，相对不确定度多大？

2. 当用内阻为 $50k\Omega$ 的电压表测量某电压时，电压表的读数为 100V；当改用内阻为 $100k\Omega$ 的电压表再测该电压时，读数为 109V。试问用这两块电压表来测电压时，由方法误差产生的不确定度各为多少？

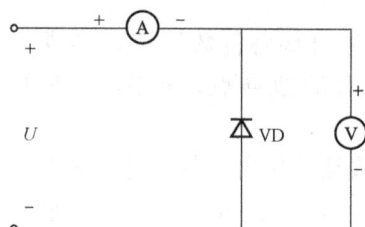

图 1-7　题 3 图

3. 有人按图 1-7 所示的线路测量二极管的反向特性。已知电压表电压灵敏度为 $20000\Omega/V$，量程为 50V，电流表内阻忽略；电压 $U=40V$，二极管反向电流 $10\mu A$。试完成：

（1）分析这种线路测量时电流的不确定度。

（2）画出改进电路。

4. 一只电磁系电压表，量程为 100V，原来准确度为 0.5 级，经检定后，数据见表 1-8，请画出修正曲线，并判断该表现在的准确度。

表 1-8						题 4 表				
被校表（V）	0	10	20	30	40	50	60	70	80	90	100
标准表（V）	0	9.3	19.1	29.2	40.6	50.8	59.7	69.1	80.7	90.3	100

5. 重复测量某一电阻，结果为 127.2、127.3、127.4、128.2、129.8、127.1、127.6、126.9、127.4Ω。计算算术平均值 $\bar{x}$、标准差 $S(x_i)$、算术平均值标准差 $S(\bar{x})$，判断并剔除坏值，写出规范的测量结果（含有不确定度）。

6. 3 个电容并联，其电容值分别为 28.4、4.25、56.605μF，其中最后一位是欠准数字，计算等效电容值（以有效数字表示）。

7. 两个电阻的额定值及相对不确定度分别为 $R_1=34\Omega$、$U_{r1}=4.0\%$；$R_2=85\Omega$，$U_{r2}=5.0\%$，试计算两电阻串联时总的不确定度。

8. 按公式 $P=I^2R$ 测量电功率，要求相对不确定度 $U_r=\dfrac{\Delta_P}{P}<1.8\%$，已知 $R=100\Omega$ 时，$I=0.5A$。试完成：

（1）按不确定度等作用假设确定 Δ_I 和 Δ_R 各为多少？

（2）若已确定 $\Delta_I/I=0.5\%$，则 Δ_R/R 至少要小于多少才能满足测量要求？

9. 将下列数据化为 3 位有效数字：

（1）2.8584；　　（2）4.3489；　　（3）3.6750；　　（4）2.8706；

（5）0.4000；　　（6）1.42501；　　（7）2.335。

10. 将下列的测量结果进行单位变换并按数值书写规则写出结果：

(1) $U=(345.650\pm0.002)$ kV=（　　　　）V=（　　　　）mV。

(2) $t=(21.4\pm0.1)$ s=（　　　　）min。

(3) $\theta=(1.8\pm0.1)$ 度=（　　　　）分。

第二章　常用电工仪表与仪器介绍

电工仪表与仪器是指用来测量各种电磁量，显示电磁量随时间变化规律的仪表与仪器。

第一节　电工仪表的基本知识

一、电工仪表的分类

电工仪表的种类繁多，常见的有直接作用模拟指示电测量仪表（习惯简称为电测量指示仪表）、比较仪表、数字式仪表、记录仪表和示波器以及虚拟仪器。

（一）直接作用模拟指示电测量仪表

该类表采用指针或光标显示方式，包括用指针或光标显示的电子仪表在内。它具有结构简单、稳定可靠、价格低廉、使用维修方便等优点，广泛用于工程测量和科学实验中。因为它以指针偏转模拟被测量大小，使读数直观，并可据此轻易地判断被测量的变化范围和变化趋势。这一特点在交通和航空等部门有特殊意义，是当前广泛应用的数字式仪表所不能代替的。目前，这类仪表不仅在国内，而且在国外也仍在大量生产并有广泛的市场。下面介绍直接作用模拟指示电测量仪表的分类。

（1）按工作原理分，其有磁电系、电磁系、电动系、感应系、整流系、振簧系、动磁系、热线系、电子系等九种。

（2）按准确度等级分。我国对不同用途的电测量指示仪表规定了不同的准确度等级。如电压表、电流表分为 0.05、0.1、0.2、0.3、0.5、1.0、1.5、2.0、2.5、3.0、5.0 这 11 个级。

（3）按使用条件分，其有 A、A_1、B、B_1、C 五组。详见我国国家标准 GB/T 776—1976。

（4）按外壳防护性能分，其有普通、防尘、防溅、防水、水密、气密、隔爆七种类型。

（5）按防御外磁场或外电场影响的性能分，其有Ⅰ、Ⅱ、Ⅲ、Ⅳ 4 个等级。

（6）按使用方式分，其有便携式和配电盘式两种。

（7）按被测电流种类分，其有直流、交流、交直流两用三种。

（8）按被测量名称（或单位）分，其有电流表（安培表、毫安表、微安表）、电压表（伏特表、毫伏表）、功率表（瓦特表）、电能表、绝缘电阻表（兆欧表）、相位表、频率表、功率因数表、万用表等。

（二）比较仪表

常见比较仪表有单臂电桥、双臂电桥和电位差计等。

（三）数字式仪表

数字式仪表是一种以逻辑控制实现电量测量，并以数码形式直接显示测量结果的仪表。常见的有数字电压表、数字频率表和数字万用表。

（四）记录仪表和示波器

记录仪表是一种记录被测量随时间变化规律的仪表。示波器是一种用于观察快速变化波形的记录仪器。

（五）虚拟仪器

虚拟仪器是指具有虚拟仪器面板的个人计算机仪器。它是利用现有的计算机，配上相应的硬件（如数据采集卡、输入/输出卡、GPIB 卡等）和专用软件，形成既有普通仪器的基本功能，又有一般仪器所没有的特殊功能的高档低价的新型仪器。

二、表征仪表指标及性能的符号

在仪表的标度盘上标有各种符号，它们表征了仪表的主要技术性能和指标。掌握这些符号的含义可以正确使用仪表。这些符号分别表示仪表的工作原理、型号、被测量单位、准确度等级、正常工作位置等。其中，常见的几种主要符号及其含义见表 2 - 1（详见国标 GB/T 7676.1—1998）。

表 2 - 1　　　　　　　　　　　　仪表盘面部分符号及其含义

序　号	符　号	含　义	序　号	符　号	含　义
1		直流线路和/或直流响应的测量元件	13	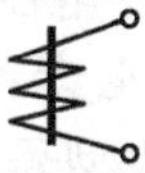	电磁系仪表
2		交流线路和/或交流响应的测量元件	14	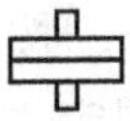	电动系仪表
3		试验电压 500V	15		铁磁电动系仪表
4		试验电压高于 500V（例如 2kV）	16		感应系仪表
5		不经受电压试验的装置	17	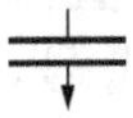	静电系仪表
6	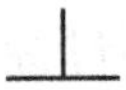	标度盘垂直使用的仪表	18		磁电系比率表
7		标度盘水平使用的仪表	19		电屏蔽
8	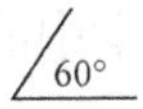	标度盘对水平面倾斜（例如 60°）的仪表	20	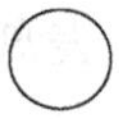	磁屏蔽
9	1	等级指数（例如 1），基准值为标度尺长、指示值或量程者除外	21		接地端
10		等级指数（例如 1），基准值为标度尺长	22		零（量程）调节器
11		等级指数（例如 1），基准值为指示值	23		正端
12		磁电系仪表	24		负端

三、电工仪表的型号

电工仪表的型号可以表示仪表的用途及原理，我国电测量指示仪表型号编制规则如下。

（一）便携式电测量指示仪表型号含义

便携式电测量指示仪表型号含义如图 2-1 所示。

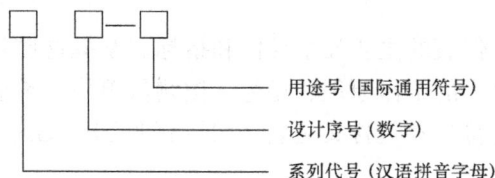

图 2-1　便携式电测量指示仪表型号

（1）系列代号。根据仪表的工作原理作规定。如磁电系为 C、电磁系为 T、电动系为 D、感应系为 G、整流系为 L、静电系为 Q、电子系为 Z 等。

（2）用途号。根据仪表测量的电量作规定。如电压表为 V、电流表为 A、功率表为 W 等。比如 T51-V 型电压表，"T" 为电磁系，"51" 为设计序号，"V" 表示用于电压测量。

（二）安装式（或称配电盘式）电测量指示仪表型号含义

安装式电测量指示仪表型号含义如图 2-2 所示。

（1）形状第一位代号。按仪表面板形状最大尺寸作规定。

（2）形状第二位代号。按仪表外壳尺寸作规定。

（3）系列代号、设计序号及用途号含义与便携式仪表的含义相同。如 81C1-A 型直流电流表，"81" 为形状代号，

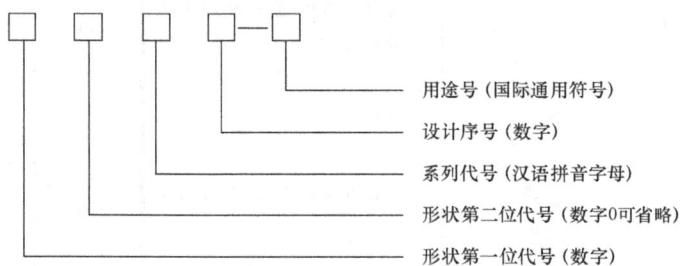

图 2-2　安装式电测量指示仪表型号

"C" 为磁电系，"1" 设计序号，"A" 表示用于电流测量。

此外，有些类型仪表的型号，还采用在系列代号前加一个汉语拼音字母标示的类别号。如电桥用 Q、数字表用 P 等。

四、电测量指示仪表的主要技术性能

1. 仪表准确度

要求基本误差不大于仪表盘面所标注的准确度等级。有关内容见第一章中的相关叙述。

2. 仪表灵敏度

灵敏度是指在测量过程中，仪表可动部分的角位移变化量 $\Delta\alpha$ 与被测量的变化量 Δx 的比值，用符号 S 表示为

$$S = \frac{\Delta\alpha}{\Delta x}$$

对于刻度均匀的仪表，灵敏度为一常数，其数值为单位被测量所引起的仪表可动部分的角位移（分格数），即为 $S=\alpha/x$。

灵敏度的倒数被称作仪表常数 C，即

$$C = \frac{1}{S} = \frac{x}{\alpha}$$

灵敏度反映了仪表所能测量的最小被测量。过高的灵敏度虽然能反映微小的被测量，但

仪表量程可能太小；过低的灵敏度，则不能反映较小的被测量，因此对仪表灵敏度要求要适当。

3. 仪表的功耗

仪表接入电路完成测量的过程中，要吸收并消耗电路的能量，为了不改变电路的状态，要求仪表消耗的功率越小越好。

4. 仪表的分度

为便于读数，希望仪表标尺刻度均匀。对于标尺为不均匀刻度的仪表，应标有黑圆点表示从该点起才是仪表标尺的"工作部分"。一般规定，标尺工作部分的长度不应小于标尺全长的85%。

5. 仪表的阻尼时间

仪表的阻尼时间是指仪表接入被测量至仪表指针摆动幅度小于标尺全长 1% 所需的时间。阻尼时间要尽可能短，一般不得超过 4s；对于标尺长度大于 150mm 者，不得超过 6s。

6. 升降变差

升降变差是指重复测量被测量 A_x，指针从零向上量限摆动时读数为 A'_x，而从上量限向零方向摆动时读数为 A''_x，A'_x 与 A''_x 之差（$\Delta = A'_x - A''_x$）就是变差。这是由于游丝（或张丝）受力变形后不能立即恢复原始状态；更主要是仪表轴尖与轴承的摩擦，导致产生一个与运动方向相反的力矩，阻碍活动部分的运动。一般要求升降变差不应超过仪表基本误差的绝对值。

除上面介绍的仪表技术性能之外，还有过载能力、绝缘强度等方面的技术要求。

五、数字仪表的主要技术指标及分类

（一）数字仪表的主要技术指标

体现数字仪表（以 DT840D 型数字万用表直流电压挡为例说明）工作特性的主要技术指标如下。

1. 量程

量程是指电压挡所能测量的最小和最大的电压值的范围。数字仪表是由输入通道中的衰减器和放大器适当配合来实现量程的改变，未经衰减或放大的量程（即测量误差最小的量程）称为基本量程。如 DT840D 型数字万用表直流电压挡有 200mV、2V、20V、200V、1000V，共 5 个挡量程，其中 200mV 为基本量程，其他 4 个量程是通过衰减器而构成的。

2. 显示位数

数字万用表显示位数通常有 $3\frac{1}{2}$ 位、$3\frac{2}{3}$ 位、$3\frac{3}{4}$ 位、$4\frac{1}{2}$ 位、$4\frac{3}{4}$ 位、$5\frac{1}{2}$ 位、$6\frac{1}{2}$ 位、$7\frac{1}{2}$ 位、$8\frac{1}{2}$ 位，共 9 种。

其中，能显示从 0～9 这 10 个数码的位是整数位；分数位的数值以最大显示值中最高位数字为分子，用满量程时最高位数字作分母。例如，某数字万用表的最大显示值为 ±1999，满量程计数值为 2000，这表明该仪表有 3 个整数位，而分数位的分子是 1，分母是 2，故称之为 $3\frac{1}{2}$ 位，读作"三位半"，其最高位只能显示 0 或 1（0 通常不显示）。

3. 分辨力（即数字表的灵敏度）

数字万用表在最低电压量程上末位一个字所对应的电压值，称作分辨力。它反映出仪表灵敏度的高低。如 DT840D 型数字万用表 200mV 直流电压挡，最大显示数值为 199.9mV，末一位表示为 0.1mV，则该表分辨力为 0.1mV。数字仪表的分辨力随显示位数的增加而提高。

4. 测量速度

测量速度是指一个测量周期所需的时间，或一定时间内所能完成的测量周期数。双积分型电压表一般为近百毫秒，有些数字电压表的测量速度高达每秒上万次，而模拟式指示仪表测量一次一般需要几秒钟。

5. 输入阻抗

数字万用表直流电压表输入电阻一般为 10MΩ 以上。

6. 准确度

数字表的准确度是测量结果中系统误差与随机误差的综合，一般是指仪表在规定条件下，表示测量值与真值的一致程度，也反映测量误差的大小。常将数字仪表的准确度等级分为 0.0005、0.001、0.002、0.005、0.01、0.02、0.05、0.1、0.2、0.5、1.0，共 11 个等级。

（二）数字仪表分类

数字仪表的种类繁多，分类方法也很多，很不统一，下面介绍几种常用的分类方法。

1. 按量程转换方式分

数字仪表按量程转换方式可分为手动量程和自动量程两种。

2. 按准确度等级分

（1）低准确度：在 0.1 级以下。

（2）中准确度：在 0.01 级以下（含 0.01 级）。

（3）高准确度：在 0.01 级以上。

3. 按测量速度分

（1）低速：每秒几次至几十次。

（2）中速：每秒几百次至几千次。

（3）高速：每秒几万次以上。

4. 按用途分

（1）标准型：它的精确度高，对环境条件要求较严格，适用于实验室条件下使用或作为标准表。

（2）通用型：它具有一定的准确度，对环境要求较低，适用于现场测量。

（3）面板型：它的准确度低，对环境条件要求比较低，是面板上使用的指示仪表。

5. 按被测量名称分

数字仪表按被测量名称可分为直流电流表、交流电流表、功率表、相位表、电路参数表和万用表等。

第二节　电测量指示仪表的组成和原理

一、电测量指示仪表的组成

电测量指示仪表的主要作用是将被测量转换成仪表可动部分的角位移，并在仪表标度尺上指示被测量的数值。它通常由测量电路和测量机构组成，如图 2-3 所示。

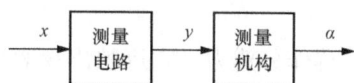

图 2-3　电测量仪表的组成

1. 测量电路

测量电路的作用是将被测量 x 转换成测量机构所能接

受的过渡电量 y，并保持一定的比例关系。如直流仪表中的分流器、附加电阻及整流系仪表中的整流器等，是较简单的测量电路。

2. 测量机构

测量机构是仪表的主要工作部件，它的作用是将过渡电量 y 转换成指针的角位移 α，从而指示被测量 x 的大小。测量机构通常由固定部分和可动部分组成。

二、电测量指示仪表的基本原理

如果按可动部分及固定部分在偏转过程中各元件所完成的功能和作用，可将电测量指示仪表的测量机构分为三部分。

1. 转动力矩

电测量指示仪表的转动力矩 M 通常由电磁力、电动力、电场力等来实现。该电磁力矩 M 是过渡电量 y 在测量机构的固定部分中产生的磁场（或电场）与可动部分中的电流（或磁场或电场）相互作用而产生的。转动力矩的大小总是与被测量成一定的比例关系，并随被测量的增大而增大。如果用 x 表示被测量，转动力矩 M 可写成

$$M = f_1(x) \tag{2-1}$$

2. 反作用力矩

如果电测量指示仪表的测量机构中，只有转动力矩的作用，则不论被测量的大小，仪表的可动部分只要产生了大于摩擦力矩和空气阻力的力矩，就会转到极限位置，而无法判断被测量的数值。这就如同天平的一端放置被称物体，而另一端并未放置砝码，天平就会一端翘起，无法称重。因此，测量机构必须产生一个反作用力矩作用于仪表的可动部分，其方向与转动力矩方向相反，大小与可动部分角位移 α 有关。如果用 M_α 表示反作用力矩，则有

$$M_\alpha = f_2(\alpha) = D\alpha \tag{2-2}$$

式（2-2）中，D 为反作用力矩系数（一般为常数），当仪表可动部分达到平衡时，有 $M = M_\alpha$，即有

$$f_1(x) = D\alpha$$

所以有 $\qquad\qquad\qquad \alpha = f_1(x)/D = F(x) \tag{2-3}$

这样，就可以根据角位移 α 的大小来判断被测量 x 的数值。

电测量指示仪表中，反作用力矩的产生方式有机械和电气两种。由机械方式产生反作用力矩（见图2-4）是利用游丝、张丝、吊丝等弹性元件变形后的弹力来产生反作用力矩的。反作用力矩系数 D 在这里也称作弹性元件的弹性系数。由电气方式产生反作用力矩的仪表被称为"流比计"或"比率表"。

3. 阻尼力矩

测量时，测量机构的可动部分在转动力矩和反作用力矩的作用下产生偏转，由于可动部分的惯性，仪表的指针在平衡位置不能立即停下来，而是在平衡位置左右来回作减幅振荡，从而延长了测量时间。为了尽快读数，缩短指针的摆动时间，可动部分上还增加了一个和可动部分运动速度成正比、与运动方向相反的力矩，称作阻尼力矩。可见，阻尼力矩是动态力矩，它只在可动部分运动时才产生；可动部分静止时，阻尼力矩也就不存在了。而转动力矩和反作用力矩是静态力矩，故阻尼力矩不影响由转动力矩和反作用力矩所确定的角位移 α 的大小。

阻尼力矩一般由电磁阻尼或空气阻尼来实现，从而可以缩短测量时间。

总之，电测量指示仪表要能正常工作，仪表的测量机构必须产生三种力矩。转动力矩的作用，是使可动部分在被测量的作用下产生偏转；反作用力矩的作用，是控制可动部分的偏转，使被测量和角位移有一一对应的关系；阻尼力矩的作用，是尽量缩短可动部分的摆动时间，使可动部分（包括指针）尽快稳定在被测量的刻度位置。对于电测量指示仪表，只要理解三种力矩的基本功能，也就理解了仪表的工作原理。

测量机构除了有以上产生三种力矩的装置外，还应有指示装置（即指针和刻度盘）、调零器、平衡锤、止动器、外壳等部分。

第三节　磁 电 系 仪 表

利用可动线圈中的电流在固定的永久磁铁产生的磁场作用下生成转矩，从而使指针偏转，显示被测量数值的测量仪表被称作"磁电系仪表"。

一、磁电系仪表的结构

磁电系仪表的核心是磁电系测量机构。磁电系测量机构又分为外磁式、内磁式和内外磁结合式三种。这里主要介绍外磁式结构。如图 2-4 所示，磁电系测量机构主要包括固定部分和可动部分。

固定部分主要是磁路，由永久磁铁 1（硬磁材料充磁后形成）、极掌 2（软磁材料制成）和固定在支架上的圆柱铁心 5（软磁材料制成）组成。铁心和极掌既可以减少磁路的磁阻，又可使铁心和极掌间产生均匀的辐射磁场（见图 2-5）。

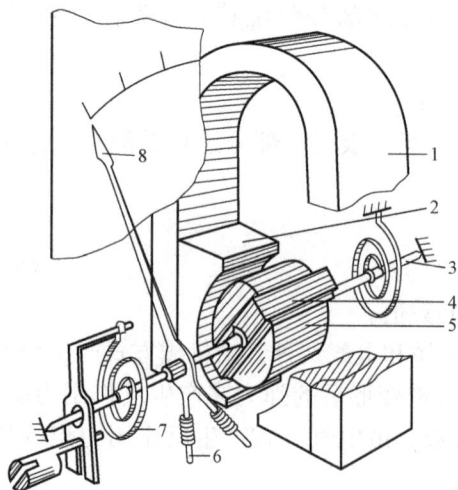

图 2-4　外磁式磁电系测量机构示意图
1—永久磁铁；2—极掌；3—半轴；4—可动线圈；
5—圆柱铁心；6—平衡锤；
7—游丝；8—指针

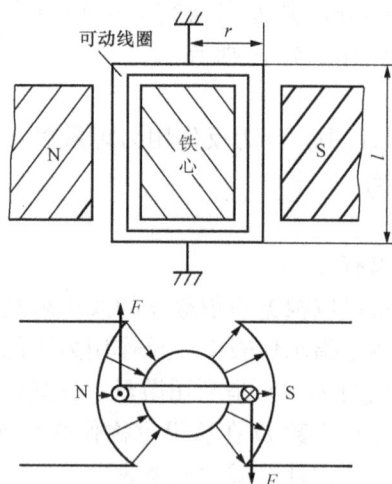

图 2-5　磁电系仪表转矩产生示意图

可动部分由绕在铝框上的可动线圈 4、线圈两端的两个半轴 3、平衡锤 6、游丝 7 以及指针 8 组成。每个半轴上装一个游丝，两个游丝的盘绕方向相反。下游丝的另一端固定在支架上，上游丝的另一端与调零器相连。游丝的作用是将被测电流引入可动线圈并产生反作用力矩。铝框也有两个作用，即支撑可动线圈、产生阻尼力矩。整个可动部分支撑在轴承上。

二、磁电系仪表的工作原理

磁电系仪表是利用可动线圈中的电流与气隙中磁场相互产生电磁力而使可动部分转动的原理制成的。当可动线圈中通入电流时，仪表的可动部分要受以下几个力矩的作用。

（一）转动力矩

由图 2-5 可知，可动线圈引入电流 I_0 后，与永久磁铁磁场相互作用，产生转动力矩 M。

因有
$$F = NBlI_0 \tag{2-4}$$
则
$$M = 2Fr = 2NBlI_0 r \tag{2-5}$$

式中　l——绕组有效边长；

　　　N——绕组匝数；

　　　r——转轴到绕组有效边的距离。

如果设 $S = 2rl$，则有
$$M = NBSI_0 \tag{2-6}$$

（二）反作用力矩

可动线圈在电磁力的作用下顺时针转动的同时，会受到游丝产生的反作用力矩作用。反作用力矩的大小与游丝的形变大小成正比，即与可动线圈偏转角 α 成正比。

$$M = D\alpha$$

式中　D——常数，为游丝反作用力矩系数。

反作用力矩与偏转角成正比，当转动力矩等于游丝的反作用力矩时，可动部分处于平衡状态，即

$$M = M_\alpha$$
或
$$BNSI_0 = D\alpha \tag{2-7}$$

$$\alpha = \frac{NBS}{D}I_0 = \frac{\psi_0}{D}I_0 \tag{2-8}$$

式中　ψ_0——穿过可动线圈的磁链，$\psi_0 = NBS$。

设
$$S_I = NBS/D = \psi_0/D = \alpha/I_0 \tag{2-9}$$

单位被测量对应的角位移称为仪表的"灵敏度"，所以 S_I 即为测量机构的灵敏度。仪表制成后，测量机构的结构和有关参数均确定，所以 S_I 为常数，则有

$$\alpha = S_I I_0 \tag{2-10}$$

由上式可看出，测量机构的指针的角位移与通过其电流的大小成正比。

单位角位移对应的被测量被称为"仪表常数"，由式（2-10）可得仪表常数 C

$$C = I_0/\alpha = 1/S_I = D/\psi_0 \tag{2-11}$$

（三）阻尼力矩

磁电系仪表的阻尼力矩有两种：一种是铝框产生的阻尼力矩；另一种是由绕组和外电路闭合成回路时产生的阻尼力矩。

由图 2-6 所示，当铝框按图中的方向转动时，由右手定则可知产生图示感应电流 i_1，这个电流与永久磁铁磁场作用产生电磁阻尼力矩 M_1，其方向由左手定则确定。显然，阻尼力矩的方向总是与铝框运动方向相反，可以阻止可动部分在平衡位置的左右摆动。

由图 2-7 所示，仪表工作时，绕组和外电路形成闭合回路，其中 I_0 为流过绕组的电流，R 为与绕组闭合的外电路的电阻。绕组转动时，也可由右手定则确定产生的附加电流 i_0，且根据左手定则确定其产生的力矩 M_0，M_0 也可以阻止可动部分在平衡位置的左右摆动。

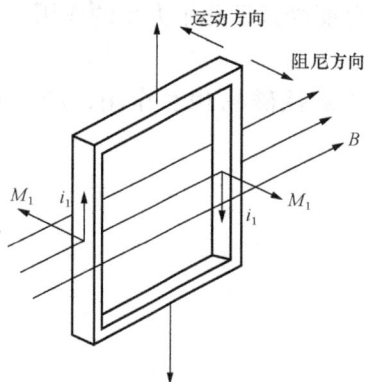

图 2-6　铝框产生阻尼力矩示意图

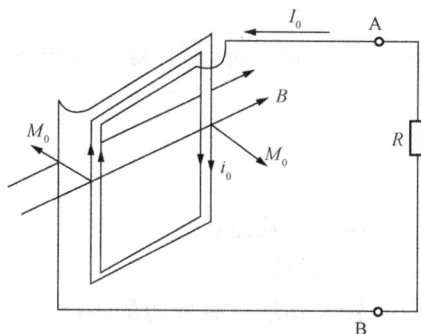

图 2-7　线圈与外电路形成闭合
回路产生阻尼力矩

因此，仪表工作时，总的阻尼力矩为

$$M_\Sigma = M_1 + M_0$$

(四) 磁电系仪表的特点

(1) 准确度高、灵敏度高、功耗小。ψ_0 是穿过可动绕组的磁链，其大小取决于永久磁铁的磁感应强度 B，而 B 值一般很大，可动绕组流过很小的电流就可产生很大的转矩，所以磁电系测量机构灵敏度很高，功耗很小。因为可动线圈处于强磁场中，可减小温度、外电场磁场的影响，因此准确性很高。

磁电系仪表准确度可以达 0.1 级或更高。磁电系仪表是机电式仪表中最灵敏的一种，其量程可达几微安级。采用张丝及光标指示结构时，可制成检流计，能检测 10^{-8} V 的小电动势和 10^{-10} A 的微小电流。常用磁电系电流表功耗约为 $0.2 \sim 0.4$ W，磁电系电压表约为 $0.1 \sim 1.0$ W。

(2) 刻度均匀。由式 (2-10) 可知，因为 S_I 是常数，角位移 α 与通过动圈的电流 I_0 成正比，所以分度均匀，便于使用。

(3) 只可测直流。由式 (2-10) 可知，α 为 I_0 的单值函数，当 I_0 的符号改变时，α 的符号也改变 (即指针方向也改变)。由于平均转矩为零，可动部分机械惯性又较大，所以指针只能在零位振动，故只能测直流。

(4) 过载能力差。因为 I_0 是由游丝导入绕组，游丝电阻较大，流过大电流时易发热而改变弹性，引起测量误差；再则，绕组导线很细，承受电流能力有限。

三、磁电系电流表、电压表

(一) 磁电系电流表

磁电系测量机构 (俗称表头) 只允许流过很小的电流，如果要测量较大的电流，可并联分流电阻 (或称作分流器)，即接上测量电路扩大量程。电流表一般可分为微安表、毫安表、安培表和千安表。专门用于测量直流的电流表，都是磁电系电流表。图 2-8 为扩大量程的单量程电流表原理电路，其中 R_C (R_C 为两游丝电阻与绕组电阻之和) 为表头内阻，I_0 (通常是几十微安至几毫安) 为流过表头的电流，R_{di} 为分流电阻，I_x 为被测量电流。

这里　　　　　　　$$I_0 = \frac{R_{di}}{R_C + R_{di}} I_x$$

由式（2-10）得

$$\alpha = S_I I_0 = S_I \frac{R_{di}}{R_C + R_{di}} I_x \qquad (2-12)$$

可知，测量机构的指针的角位移 α 仍与被测量 I_x 成正比，所以仍可用指针的角位移表示被测电流的大小。

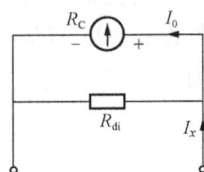

图 2-8　扩大量程的
单量程电流表
原理电路

多量程电流表多采用闭路式分流电路，如图 2-9 所示。其中，I_1、I_2、I_3 分别为 3 个量程的被测电流，R_1、R_2、R_3 为 3 个分流电阻。当选择量程 1 时，即图 2-8 所示电路，此时电流量程最小；当选择量程 2 和 3 时，电流逐步增大。

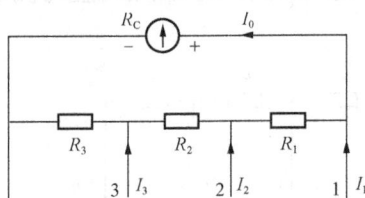

图 2-9　三量程电流表

选 I_1 量程时有

$$I_0 R_C = (I_1 - I_0)(R_1 + R_2 + R_3)$$

所以

$$I_0 = \frac{R_1 + R_2 + R_3}{R_C + R_1 + R_2 + R_3} I_1 = \frac{1}{K_{di1}} I_1 \qquad (2-13)$$

同理

$$I_0 = \frac{R_2 + R_3}{R_C + R_1 + R_2 + R_3} I_2 = \frac{1}{K_{di2}} I_2 \qquad (2-14)$$

$$I_0 = \frac{R_3}{R_C + R_1 + R_2 + R_3} I_3 = \frac{1}{K_{di3}} I_3 \qquad (2-15)$$

上面公式中 $K_{di1} = \frac{I_1}{I_0}$，$K_{di2} = \frac{I_2}{I_0}$，$K_{di3} = \frac{I_3}{I_0}$，称为"分流系数"。量程越大，$K_{di}$ 值越大。多量程电流表角位移与被测电流的关系可写成下面的形式

$$\alpha = S_I I_0 = S_I \frac{1}{K_{di}} I_i \qquad (2-16)$$

分流电阻 R_1、R_2、R_3 的计算，可由式（2-13）～式（2-15）所得的联立方程组来确定。单量程及多量程电流表的分流电阻计算均可仿照上面公式进行。

量程越大，分流器消耗的功率就越大，相应的就要增大尺寸。量程为 30A 以下的电流表，其分流器电阻常放在表壳内部，称为"内附分流器"。量程为 30A 以上的电流表，其分流器电阻多放在表壳外部，称为外附分流器。

（二）磁电系电压表

如果将磁电系表头与被测电路并联，则仪表指针角位移 α 与被测电压关系为

$$\alpha = S_I I_0 = S_I \frac{U}{R_C} = \frac{S_I}{R_C} U = S_U U \qquad (2-17)$$

$$S_U = \frac{S_I}{R_C}$$

式中　S_U——测量机构的电压灵敏度。

磁电系测量机构只允许流过很小的电流，当表头内阻 R_C 一定时，磁电系表头只能测量小电压。要测量大电压，需要通过在表头串附加电阻分压来实现。图 2-10 为单量程电压表原理图，U_C 为表头电压，R_{dij} 为附加分压电阻，U_x 为被测电压。电压表指针角位移 α 为

$$\alpha = S_I I_0 = S_I \frac{U_x}{R_C + R_{dij}} \qquad (2-18)$$

很明显，角位移 α 的大小与被测电压成正比。

若设 $m=U_x/U_C$，当串附加电阻 R_{dij} 后，电压表量程扩大 m 倍。由此可求出附加电阻的阻值为

$$m = \frac{U_x}{U_C} = \frac{R_C + R_{dij}}{R_C} = 1 + \frac{R_{dij}}{R_C}$$

$$R_{dij} = (m-1)R_C \tag{2-19}$$

图 2-11 为多量程电压表原理图，它是串联不同的附加电阻形成多量程的电压表。附加电阻 R_{dij} 与表头内阻 R_C 之和构成电压表内阻。电压表的内阻与其量程成正比，为了方便，常用表头满偏电流的倒数 $1/I_C$ 表示电压表的每伏欧姆数 Ω/V，称为电压表的灵敏度。其值越大，电压表内阻越大，仪表功耗越小，对被测电路的工作状态影响越小。使用时应与测量机构的电流灵敏度 S_I 和电压灵敏度 S_U 区别开来。

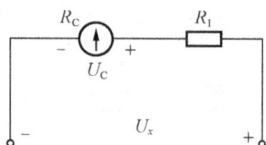

图 2-10 单量程电压表

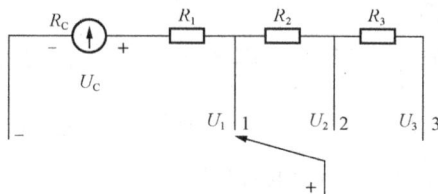

图 2-11 三量程电压表

和分流器一样，附加电阻也有内附和外附之分。量程低于 600V 的电压表常采用内附附加电阻。当使用外附附加电阻时，为保证测试人员安全，必须将表头接在靠近地电位的一端。

（三）磁电系欧姆表

磁电系测量机构配上适当测量电路可以组成测量电阻的欧姆表，如图 2-12 所示。其中 R_C 为表头内阻，R_0' 为分流电阻，R_0 为调零电位器，R 为附加电阻，R_x 为被测电阻，U 为电池电压。

设 R_{ab} 是从 a、b 两端往表头部分看的等效电阻，R_{0a}、R_{0b} 分别为 R_0 的活动触点左右两边的部分电阻。所以有

$$I = \frac{U}{R_{ab} + R + R_x} \tag{2-20}$$

图 2-12 欧姆表原理示意图   则

$$I_0 = I \times \frac{R_0' + R_{0a}}{R_0' + R_0 + R_C} = \frac{U}{R_{ab} + R + R_x} \times \frac{R_0' + R_{0a}}{R_0' + R_0 + R_C} = K_{FI} \frac{U}{R_{ab} + R + R_x} \tag{2-21}$$

这里设分流系数为

$$K_{FI} = \frac{R_0' + R_{0a}}{R_0' + R_0 + R_C} \tag{2-22}$$

因电池电压一定，所以表头流过的电流与被测电阻成一定的函数关系，由式(2-10)得

$$\alpha = S_I I_0 = K_{FI} S_I \frac{U}{R_{ab} + R + R_x} \tag{2-23}$$

由 α 角与被测电阻 R_x 的关系可知，欧姆表的刻度很不均匀，如图 2-13 所示。

当 $R_x=0$，即欧姆表测试端短接时，则

$$\alpha = S_I I_0 = S_I K_{FI} \frac{U}{R_{ab}+R} = S_I I_C$$

I_C 为表头通过的满偏电流，指针为满分度偏转，标尺的满分度定为零欧姆。

当 $R_x=\infty$，即欧姆表测试端开路，$I_0=0$，表头无电流通过，指针在零位，该点定为欧姆表无穷大刻度。

当 $R_x=R_{ab}+R$，即被测电阻等于此挡位欧姆表内阻，则

$$\alpha = S_I I_0 = S_I K_{FI} \frac{U}{2(R_{ab}+R)} = S_I \frac{I_C}{2}$$

表头通过电流为满偏电流的一半，指针为满分度的一半，即指针在标度尺的几何中心线上，故称 $R_{ab}+R$ 为中值电阻。一般万用表×1倍率挡中值电阻多采用12Ω或24Ω等，欧姆表的各个倍率都有相应的中值电阻。所以，中值电阻正好等于该倍率下欧姆表的内阻。

由表2-2和图2-13可见，欧姆表标度尺分度与电流或电压的分度方向相反，并且刻度以中值电阻为基准，标度尺分度分布具有明显的非线性，在两端尤为突出，使读数困难。所以测量时，在标度尺的1/4～3/4区间读数为宜。

表2-2 　　　　被测电阻 R_x 与指针角位移 α 的关系

$n=\frac{R_x}{R_{ab}+R}$	0	1/4	1/2	1	2	3	4	5	...	10	∞
α（满偏角倍数）	1	4/5	2/3	1/2	1/3	1/4	1/5	1/6	...	1/11	0

由于电池的端电压会随时间的延长而降低；再有，欧姆表在改变倍率时，所接的分流电阻、限流电阻不同，即使电池电压不变，流过表头的电流也不相同，为此设置调零电位器 R_0。在使用欧姆表挡或改换倍率后，都需在 $R_x=0$（即测试端短接）情况下调节电位器 R_0，使指针指在欧姆零位，保证测量的准确性。

（四）带整流器的磁电系仪表

磁电系仪表只适宜于直接测量直流（一周期内的平均值），如果磁电系测量机构配上整流电路，则可组成可测交流电量（有效值）的整流系仪表。整流系电压表、电流表常用的整流电路有半波整流电路和全波整流电路两种。

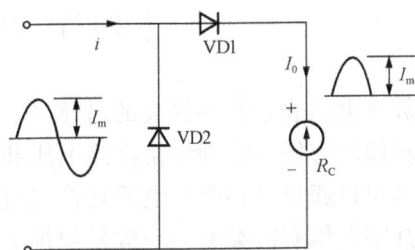

图2-14为半波整流式仪表原理图，i 为正弦交流电流，I_0 为整流后通过表头的半波电流，I_m 为正弦交流电流的最大值。

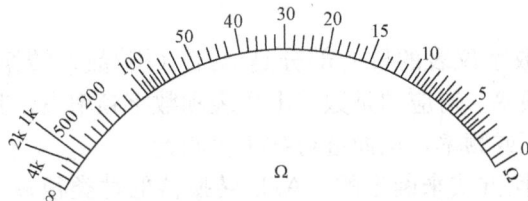

图2-13　欧姆表刻度分布　　　　　　图2-14　半波整流式仪表原理图

由于磁电系测量机构的角位移 α 与通过它的电流的平均值成正比，则有

$$\alpha = S_I I_{p1} = \frac{S_I}{2\pi}\int_0^\pi I_0 \, d\omega t = \frac{S_I}{2\pi}\int_0^\pi I_m \sin\omega t \, d\omega t = S_I \frac{I_m}{\pi} \tag{2-24}$$

式中　I_{p1}——半波整流后的电流平均值。

又有

$$\alpha = S_I I_{p1} = S_I \frac{I_m}{\pi} = S_I \sqrt{2}\frac{I}{\pi} = S_I(0.45I) \tag{2-25}$$

式中　I——整流前的电流有效值。指针的角位移 α 也是与整流前正弦交流电流的有效值 I
　　　　成正比的。

　　图 2-15 为全波整流式仪表原理图，I_0 为整流后通过表头的全波电流，其余标记同半波
整流式仪表原理图。

$$\alpha = S_I I_{p2} = \frac{S_I}{\pi}\int_0^\pi I_0 \, d\omega t = \frac{S_I}{\pi}\int_0^\pi I_m \sin\omega t \, d\omega t = S_I \frac{2I_m}{\pi} \tag{2-26}$$

式中　I_{p2}——全波整流后的电流平均值。

所以

$$\alpha = S_I I_{p2} = S_I \frac{2I_m}{\pi} = S_I 2\sqrt{2}\frac{I}{\pi} = S_I(0.9I) \tag{2-27}$$

全波整流式仪表，指针的角位移 α 也是与整流前正弦交流电流的有效值 I 成正比的。

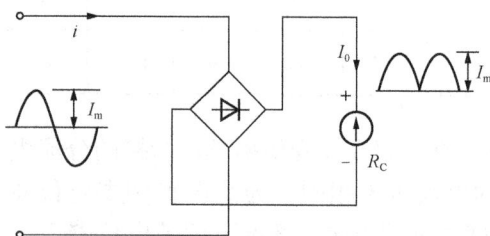

图 2-15　全波整流式仪表原理图

　　从上面的推导和分析中得出了角位移 α 与电流平均值及有效值的关系。容易理解，角位移 α 与电压平均值及有效值也存在着相应的关系。因此，整流式仪表既可以组成整流式电压表，也可以组成整流式电流表。

　　式（2-25）与式（2-27）中有效值与平均值之比称为波形因数（半波整流的波形因数为 $1/0.45=2.22$，全波整流的为 $1/0.9=1.11$），波形因数是随电流或电压波形而变化的，所以按正弦量有效值分度的整流式仪表只能测量正弦交流电量，而不能测量非正弦交流电量，否则会造成较大的波形误差。

　　万用表就是将磁电系测量机构与上面介绍的直流电压表、电流表、欧姆表以及交流电压表的测量电路组合起来形成的，其通过转换开关来选择不同的测量电路，从而形成对不同被测量的测量。

第四节　数字电压表及数字万用表

　　数字电压表是数字仪表的基本表。因为数字仪表的核心部分是 A/D（模/数）转换器，其中转换较方便的物理量是直流电压和脉冲频率，对应的是数字电压表和数字频率表，其他物理量可以通过各种变换电路转换成直流电压或频率，从而进行数字化测量。

　　数字电压表的类型，一般是根据 A/D 转换方式来确定的。A/D 转换器的种类很多，通常可按 A/D 转换器的位数、准确度、速度、工作原理等进行分类。其按工作原理可分为比较式和积分式两大类。这种分类方法最能说明 A/D 转换器的本质和特性。

　　本教材仅介绍其中常用的逐次逼近比较式数字电压表。

一、数字电压表

如图 2-16 所示，逐次逼近比较式数字电压表是利用一种"二进制搜索"技术来确定对被测电压 U_x 的最佳逼近值。

这种数字电压表由 D/A 转换器、比较器、控制逻辑及时钟等组成。工作时，在时钟作用下，控制逻辑首先将 n 位数码寄存器的最高位 D_{n-1} 置高电平"1"，经 D/A 转换器转换成模拟量 U_b 后，与输入的模拟量 U_x 进行比较。根据比较器得出的结果，若 $U_x \geqslant U_b$，则保留这一位；反之该位置零。随后，再将 $D_{n-2}=1$ 与上一位 D_{n-1} 一同进入 D/A 转换器，转换成模拟量 U_b，又一次与输入的模拟量 U_x 比较，如此反复，直到最后一位 D_0 比较完。如果数码寄存器的各位均比较完，仍有 $U_x > U_b$，则需换量程将 D_{n-1} 至 D_0 位再比较一轮，

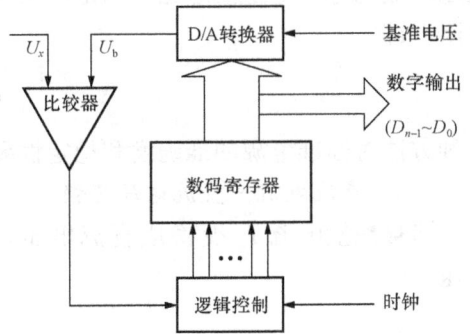

图 2-16　逐次逼近式数字电压表原理框图

直至有合适的结果为止。此时，数码寄存器的数字量即是模拟量 U_x 所对应的数字量。在时钟作用下，该数字量发给显示器，即可读出被测电压的数值。

这种电压表的准确度主要取决于基准电压、D/A 转换器和比较器的性能。其突出特点是速度快，达每秒数千次；但由于是比较被测电压的瞬时值，无法去识别被测电压中的干扰信号，故抗干扰能力较差。

二、数字万用表

图 2-17 是数字万用表的基本组成框图，主要由两部分组成：一部分是输入与变换部分；另一部分是 A/D 转换器与显示部分。数字万用表是以直流数字电压表作基本表，通过各种变换电路把直流电流、交流电压、电阻等被测量变换成直流电压再进行测量。

（一）电阻—直流电压变换

将电阻阻值变换成直流电压一般用两种方法。

一种是比例运算法，把被测电阻 R_x 接入运算放大器的反馈回路，如图 2-18 所示。图中 R_S 是标准电阻，U_S 是恒定电压源，若忽略电压源内阻，运算放大器的输出电压为

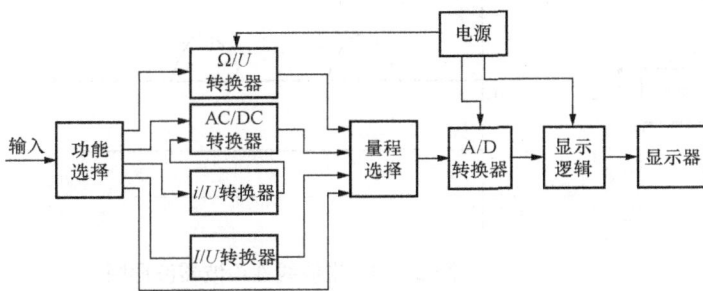

图 2-17　数字万用表基本组成框图

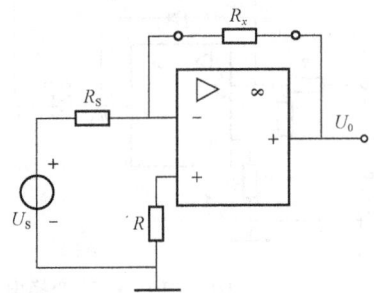

图 2-18　用比例运算法测电阻

$$U_0 = -\frac{R_x}{R_S}U_S$$

所以
$$R_x = -\frac{R_S}{U_S}U_0 \tag{2-28}$$

测出直流电压 U_0，就可得出 R_x 的大小。

另一种是比率法，即在相互串联的被测电阻 R_x 和标准电阻 R_N 通过同一电流，则二者电压降之比等于电阻值之比。如果测出两个电阻上的电压值，就可由标准电阻值，得出被测电阻，即

$$R_x = \frac{U_x}{U_N}R_N \tag{2-29}$$

这种方法对标准电源的准确度和稳定性要求不高。

（二）直流电流—直流电压变换

将被测量电流 I_x 变换成直流电压，只需使 I_x 通过一个标准电阻 R_N，所以电阻两端电压

$$U = R_N I_x$$

因为 R_N 是确定值，所以输出电压 U 与被测电流 I_x 成正比。

（三）交流电压—直流电压变换

将交流电压 u 变换成直流电压 U，也称为交流—直流（AC-DC）变换器。常用的 AC-DC 变换器是平均值检波器，其原理是将交流电压经半波或全波整流后的平均值转换成直流电压，测量直流电压即可间接得到交流电压的大小。

用二极管半波或全波整流电路，都可以将交流电压转换成直流电压。但是二极管正向特性起始部分有死区，非线性很严重，这类整流电路不能在数字仪表中使用。所以在数字电压表使用的是由运算放大器和二极管组成的线性检波器。半波线性检波器（u-U 变换电路）的原理电路如图 2-19 所示。

当半波检波器输入理想正弦波电压 u_x（见图 2-20），则检波器输出电压波形为 u_{02}，且 u_{02} 正比于 u_x，实现了线性检波。输出端的滤波器，可以将半波脉动电压变成与其平均值成正比的直流电压 U_0。

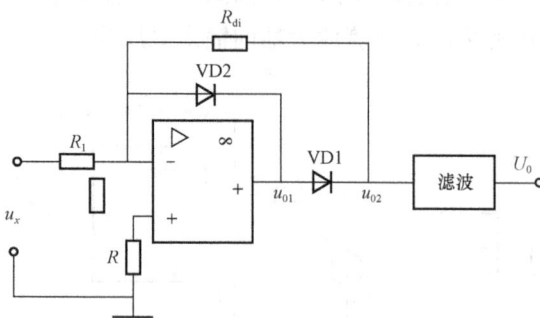

图 2-19 u-U 变换电路

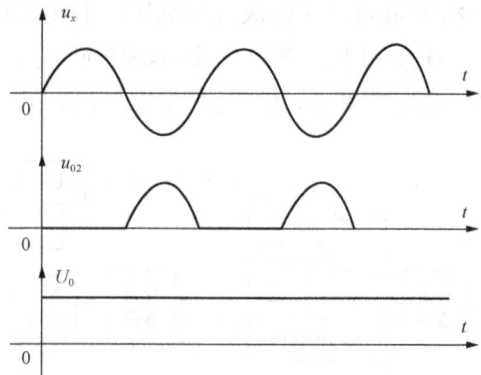

图 2-20   半波线性检波器波形图

半波脉动电压平均值乘以波形因数 2.22 后就可以得到有效值。实际电路中，检波器后面接入相当大的滤波电容，这样输出的直流电压 U_0 就等于输入电压的峰值。如将测量到的直流电压 U_0 除以 $\sqrt{2}$ 也可得到交流有效值。数字电压表可以根据平均值或峰值给出有效值的

读数。因为显示值是将整流后的平均值或峰值换算为有效值，所以用平均值检波、有效值刻度的数字电压表不能用于非正弦电压测量。

（四）交流电流—直流电压变换

将交流电流 i 变换成直流电压 U 的方法是：通过标准电阻使 i 变为交流电压 u，再用前述电路将 u 变为直流电压 U。

第五节 虚 拟 仪 器

一、虚拟仪器概述

虚拟仪器（Virtual Instrument，VI）是现代计算机技术和测量技术相结合的产物，是传统仪器观念的一次巨大的变革，是将来仪器发展的一个重要方向。虚拟仪器是在以计算机为核心的硬件平台上，根据用户对仪器的定义，用软件实现虚拟控制面板设计和测试功能的一种仪器系统。虚拟仪器是美国国家仪器公司（National Instruments，NI）在 1986 年提出的一种构成仪器系统的概念，其主要思想是：用计算机资源取代传统仪器中的输入、处理和输出等部分，实现仪器硬件核心部分的模块化和最小化，用计算机软件和仪器软面板实现仪器测量和控制功能。因此，虚拟仪器的出现使测量仪器和计算机的界限变得模糊了。

二、虚拟仪器的构成

虚拟仪器主要由硬件系统和软件系统两部分构成，主要包括计算机资源（微处理器、显示器等）、应用软件和仪器硬件（A/D、D/A、数字 I/O、定时器、信号调理等）等。虚拟仪器组成结构如图 2-21 所示。

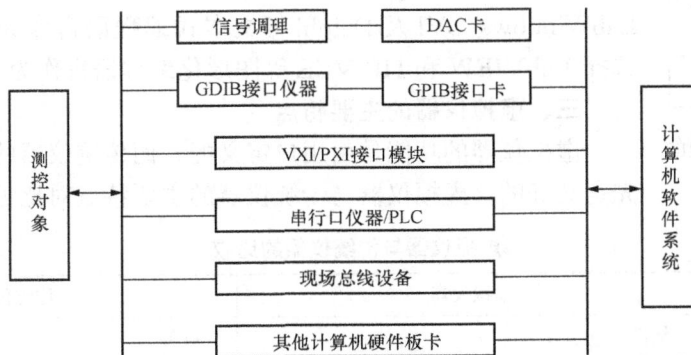

图 2-21 虚拟仪器系统组成结构图

（一）虚拟仪器的硬件系统

虚拟仪器的硬件通常由 I/O 接口设备和计算机组成，I/O 接口设备主要由传感器、信号调理器、数据采集设备、信号处理器等。硬件系统构成如图 2-22 所示。I/O 接口设备对测量的输入信号进行采集、放大、模拟信号与数据信号转换等处理；计算机的任务是完成数据的处理和显示，是虚拟仪器硬件平台的核心。

虚拟仪器的硬件系统主要由硬件设备解决信号的输入/输出，是虚拟仪器最基础的部分，主要负责将被测信号转换为二进制的数字信号数据。

虚拟仪器硬件构成系统分为 PC-DAQ 系统、GPIB 系统、VXI/PXI/LXI 系统、串口系

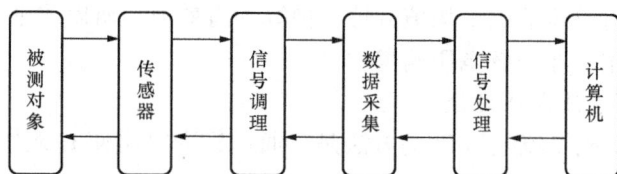

图 2-22　虚拟仪器的硬件系统构成

统、现场总线系统。虚拟仪器的硬件选择主要考虑以下几种因素：

（1）被测量物理信号的特性。物理信号不同使用的传感器类型也不同，才能将其转换为可供电脑分析的数字电信号，而传感器不同需要配备的信号调理模块也不同。

（2）硬件技术指标。数据采集设备主要考虑其支持的采样率、分辨率以及精度。

（3）满足应用需求。根据虚拟仪器系统工作环境的不同，要选择不同种类的运算和控制单元。

（二）虚拟仪器的软件系统

虚拟仪器的软件系统构成如图 2-23 所示，主要包括输入/输出接口层、仪器驱动程序层、应用软件层。软件是整个系统的关键，是虚拟仪器的主体，主要负责控制硬件的工作和负责对采集到的数据进行分析处理、显示和存储。

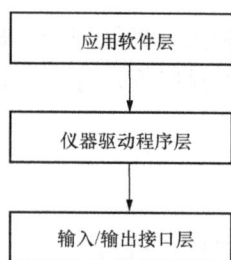

图 2-23　虚拟仪器的软件系统构成

虚拟仪器的软件部分主要考虑开发平台的选择，一要考虑系统硬件的限制，二要考虑软件开发的周期和成本。各种开发软件的适用场合、难易程度都不尽相同，应选择最为广泛应用的开发语言，提高软件开发效率，节省开发成本。可选择 VC++、VB、C++Build、LabWindows/CVI 及 Delphi 等文本式编程语言作为开发平台，或者选择 LabVIEW 和 HP VEE 等图形化编程语言作为开发平台。

三、虚拟仪器的主要特点

虚拟仪器的功能是由用户定义的，而传统仪器的功能是由厂商事先定义好的。虚拟仪器与传统仪器的主要特点对比见表 2-3。

表 2-3　　　　　　　　　　　　虚拟仪器与传统仪器的比较

项目	虚拟仪器	传统仪器
关键环节	软件	硬件
仪器功能	用户能根据自己需要定义仪器功能，并可灵活多变	只有厂商能定义仪器功能，功能单一，不能改变
结构开放性	开放式结构、灵活，可与计算机技术保持同步发展，有众多支持厂家	封闭、固定，兼容性差
互联环节	面向应用的系统结构，可方便地与网络设备、外设和其他设备互连	功能单一，互联有限的独立设备
系统升级	由于是软件，故系统性能升级方便，下载设计程序即可	由于是硬件，故升级成本较高，且升级需上门服务

续表

项目	虚拟仪器	传统仪器
价格	价格低，仪器资源可重复配置和重复利用	价格昂贵，仪器间一般无法相互利用
技术更新周期	技术更新周期短（1～2年）	技术更新周期长（5～10年）
开发与维护费用	软件使其开发与维护费用低	开发与维护费用高
操作界面	图形化的界面，操作简单	显示功能单一，操作不便
通用性	方便构成分布式测试系统，可远程监控及故障诊断	设备之间通用性差，连接复杂

通过比较发现，虚拟仪器在智能化程序、处理能力、性能价格比和可操作性等方面都具有明显的技术优势。

四、电工常用虚拟仪器设备

虚拟仪器以计算机为核心，利用软件完成数据的采集、控制、数据分析和处理以及测试结果的显示等功能，真正实现了"软件就是仪器"的概念。利用 LabVIEW 开发平台设计的虚拟仪器具有强大的数据运算和处理功能，且仪器界面友好美观，集信号发送、数据采集、波形显示、数据处理和结果输出等多种功能于一身，可替代实验室中传统的电压表、电流表、示波器及信号发生器等多种传统的功能单一的仪器仪表设备。

（一）LabVIEW 开发平台

虚拟仪器系统硬件确定后，可以通过不同的软件实现不同的功能，软件是虚拟仪器系统的关键。LabVIEW（Laboratory Virtual Instrument Engineering Workbench，实验室虚拟仪器工程平台）是美国 NI 公司 1986 年推出的一种基于 G 语言（Graphics Language，图形化编程语言）的主要面向计算机测控领域、基于图形化虚拟仪器编程语言的软件开发平台，是用于计算机化的仪器设计用的编程工具软件，人机界面友好，功能函数库丰富、强大，被工业界、学术界和高校科研教学实验室等广泛认同，被视为一个标准的数据采集、仪器设计及控制的优秀工具软件。用 LabVIEW 设计的虚拟仪器可以脱离 LabVIEW 开发环境，最终用户看见的是和实际的硬件仪器相似的操作面板。

1. LabVIEW 编程环境

LabVIEW 程序开发环境采用图形化的编程方式，无需编写代码，既包含丰富的数据采集、分析及存储的库函数，还提供 PCI、GPIB、VXI、PXI、RS-232C 及 USB 等通信总线标准的功能函数，可以驱动不同总线接口的设备和仪器。LabVIEW 2010 具有强大的网络功能，支持常用的网络协议，可以方便地设计开发网络测控仪器，并有多种程序调试手段，如断点设置、单步调试等。

2. LabVIEW 应用程序的构成

在 LabVIEW 平台中开发的程序称为虚拟仪器（简称 VI）。所有的 VI 包括前面板、程序框图和图标三部分，如图 2-24 所示为一个 VI

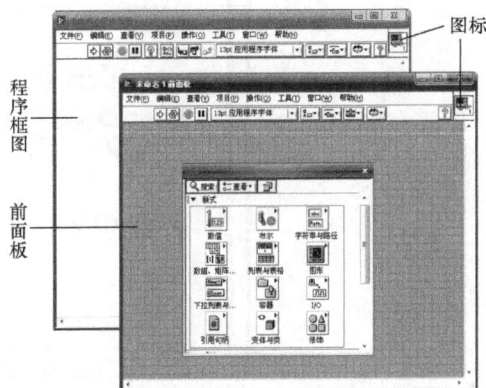

图 2-24　LabVIEW 应用程序的构成界面

的界面。

（1）前面板（Front Panel）。前面板如图 2-25 所示，是 VI 的用户界面，用户可以在前面板上操作一台设计好的虚拟仪器。创建 VI 时，通常应先设计前面板，然后设计程序框图执行在前面板上创建的输入、输出任务。

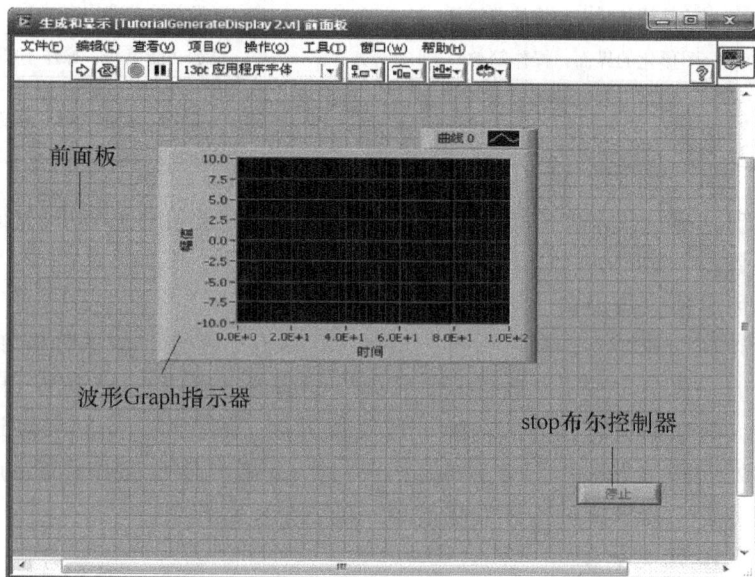

图 2-25　虚拟仪器（VI）的前面板界面

（2）程序框图（Block Diagram）。如图 2-26 所示的程序框图中包含用于定义 VI 功能的图形化源代码。程序框图是图形化源代码的集合，图形化源代码又称 G 代码或程序框图代码。在程序框图中，通过连线将一些函数或子 VI 连接起来，并结合一定的程序结构，实现所需要的各种功能。前面板上的控件在程序框图中有其对应的图标和端口，此外，程序框图中还有函数节点、常量和结构等不会出现在前面板窗口中。

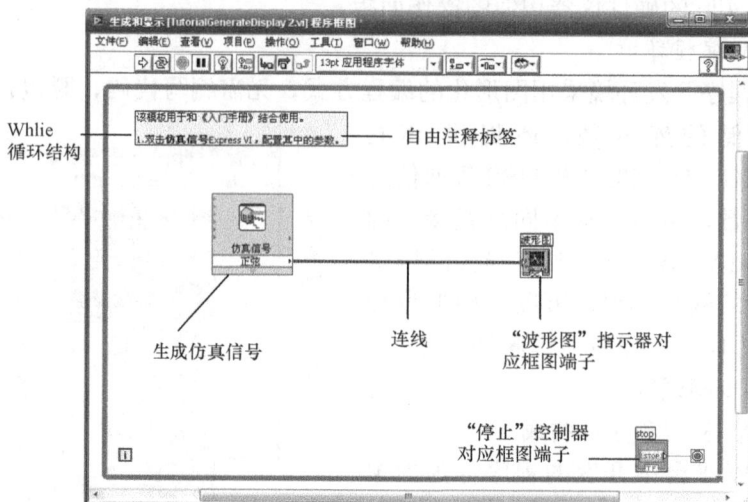

图 2-26　虚拟仪器（VI）的程序框图

若将 VI 与传统仪器相比较，前面板相当于传统仪器的操作面板，而程序框图就相当于传统仪器箱内的功能部件。

（3）图标和连线板（Icon/Connector）。图标和连线板是用以识别 VI 的接口。创建 VI 的前面板和程序框图后，可创建如图 2-27 所示的图标和连线板，以便将该 VI 作为子 VI 调用。当一个 VI 应用在其他 VI 中，则称为子 VI，子 VI 相当于文本编程语言中的子程序。

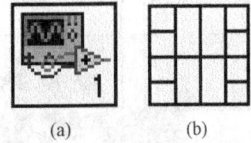

图 2-27　图标和连线板图形
（a）图标；（b）连接板

3.LabVIEW 的特点

（1）编程简单，不需要记忆编程语言。

（2）开发周期短。

（3）高效性。

（4）开放性。可根据实际情况进行更新扩展，发展迅速。

（5）自定义性。工程师们可以在非常广泛的测量和控制应用中自定义芯片级硬件功能。

（6）性价比高，能一机多用。

（二）虚拟数字电压表

电压测量是电参数和非电参数测量的基础，电压表是最普及的测量电压的一种测量仪表。电压表分为模拟式电压表和数字式电压表。由于数字电压表具有准确度高、量程宽、显示位数多、分辨率高、易于实现测量自动化等优点，在电压测量中占据了越来越重要的地位。

1. 数字电压表的主要技术指标

（1）测量范围：指电压表所能达到的被测量的范围。

（2）分辨率：指电压表能够显示的被测电压的最小变化值，即显示器末尾跳动一个数字所需的电压值。

（3）满度值：各量程有效测量范围上限值的绝对值。

（4）测量速率：指每秒钟对被测电压的测量次数，或一次测量全过程所需的时间。

（5）输入特性：包括输入阻抗和零电流两个指标。输入阻抗一般是指在工作状态下从输入端看进去的输入电路的等效电阻，实际是用输入电压的变化量和相应的输入电流的变化量之比来表示的；零电流是由仪器内部引起的在输入电路中流出的电流，与输入信号无关，取决于仪器的电路。

（6）抗干扰能力：要求仪器对干扰信号有一定的抵制能力，根据干扰信号加入方式的不同，分串模和共模两类。

（7）固有误差和工作误差：固有误差主要是读数误差和满度误差，通常用测量的绝对误差表示；工作误差是指在额定条件下的误差，通常也以绝对值形式给出。

2. 虚拟数字电压表组成原理

虚拟数字电压表主要由数据采集卡、计算机及软件开发平台组成，如图 2-28 所示。

3. 虚拟数字电压表的前面板设计
用 LabVIEW 设计开发的虚拟数字

图 2-28　虚拟数字电压表组成框图

电压表前面板如图 2-29 所示。

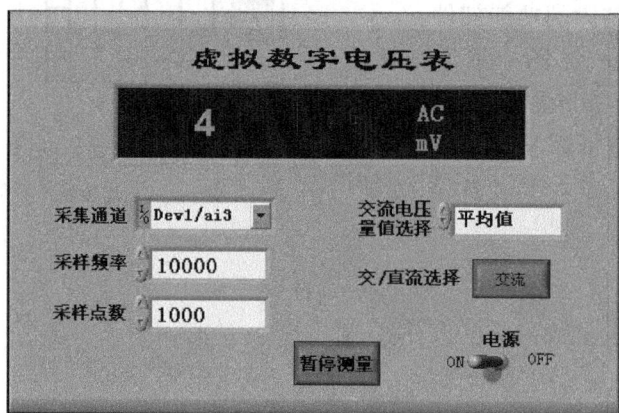

图 2-29　虚拟数字电压表前面板图

时，基于虚拟仪器的示波测试技术是发展最快的，虚拟示波器的功能越来越完善。

1. 示波器的主要技术性能指标

（1）频带宽度：标志示波器的最高响应能力，用频率和上升时间表示，两者的换算关系为，上升时间＝0.35/频带宽度。

（2）垂直灵敏度：示波器可以分辨的最小信号幅度和输入信号的动态范围，一般用 V/cm、V/div、mV/cm、mV/div 表示。

（3）输入阻抗：一般用 $\Omega(M\Omega)//pF$ 表示，是指在示波器输入端规定的直流电阻和并联电容值，它标志着对被测信号的负载的轻重。

（4）扫描速度：扫描速度也称为扫描时间因素，是指光点水平移动的速度，一般用 cm/s、div/s 表示，它说明了示波器能观察的时间和频率范围。

（5）同步（或触发）电压：是指波形稳定的最小输入电压。

2. 虚拟示波器的硬件构成

虚拟示波器的硬件构成系统如图 2-30 所示。

3. 虚拟示波器的软件系统设计

虚拟示波器的软件系统设计如图 2-31 所示。

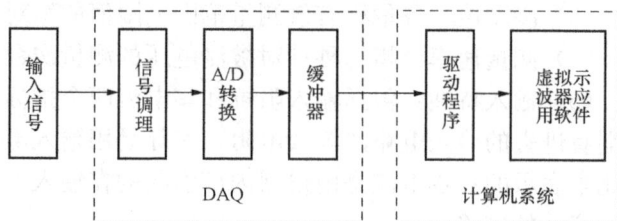

图 2-30　虚拟示波器的硬件构成系统图

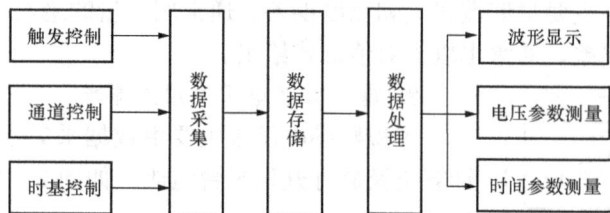

图 2-31　虚拟示波器的软件系统设计图

（三）虚拟示波器

示波器是时域分析中最典型的仪器，是当前电子测量领域中品种最多、数量最大、最常用的一种仪器。示波器是以短暂扫迹的形式显示一个量的瞬时值的仪器，也是一种测量、观察、记录的仪器，可以直观表示二个、三个及多个变量之间的瞬态或稳态函数关系、逻辑关系以及实现对某些物理量的变换或存储。传统示波器主要分为模拟示波器和数字示波器两大类，当传统仪器向虚拟仪器推进

4. 虚拟示波器的前面板设计

用 LabVIEW 设计开发的虚拟示波器前面板如图 2-32 所示。

（四）虚拟数字万用表

万用表是一种多功能、多量程的电子测量工具，一般万用表可测量直流电流、直流电压、交流电流、交流电压、电阻和音频电平等，是电子测

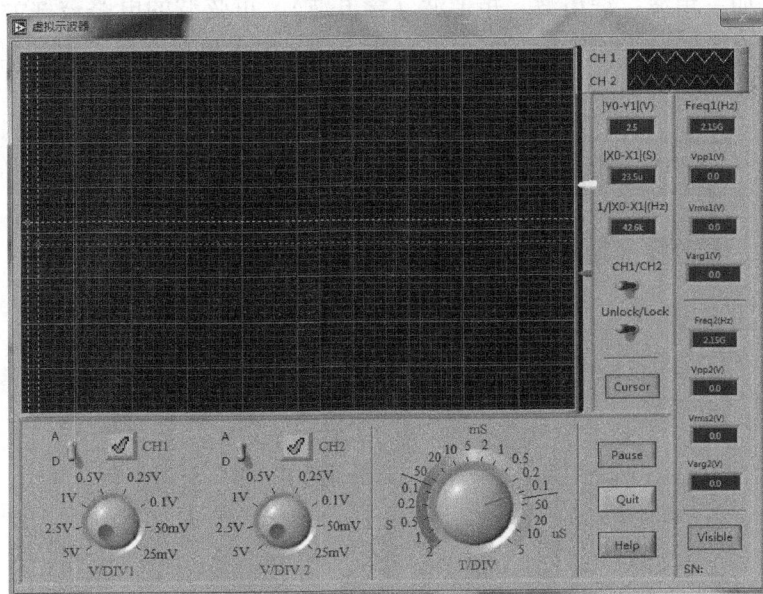

图 2-32　虚拟示波器的前面板

试不可缺少的测量仪表。万用表按显示方式分为指针万用表和数字万用表。利用 LabVIEW 开发的虚拟数字万用表使用起来更方便、灵活，改变了传统观念上的万用表的外形，增强了测量功能，用 LabVIEW 设计开发的虚拟数字万用表前面板如图 2-33 所示。

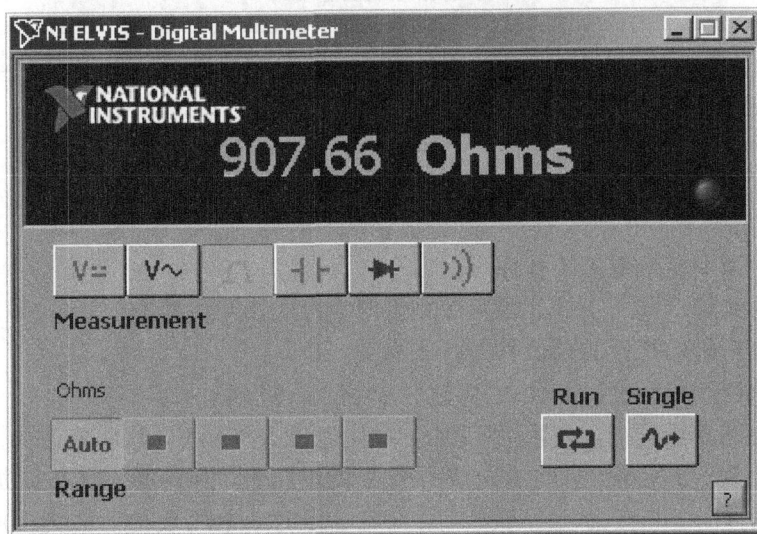

图 2-33　虚拟数字万用表的前面板

（五）虚拟信号发生器

信号发生器是指产生所需参数的电测试信号的仪器，按信号波形可分为正弦信号、函数（波形）信号、脉冲信号和随机信号发生器四大类。信号发生器又称信号源或振荡器，在生产实践和科技领域中有着广泛的应用，各种波形曲线均可以用三角函数方程式来表示，能够产生多种波形,如三角波、锯齿波、矩形波(含方波)、正弦波的电路被称为函数信号发生器。传统的信号发生器分为模拟信号发生器和数字信号发生器两大类,利用 LabVIEW 开发的虚拟信号发生器前面板如图 2-34 所示。

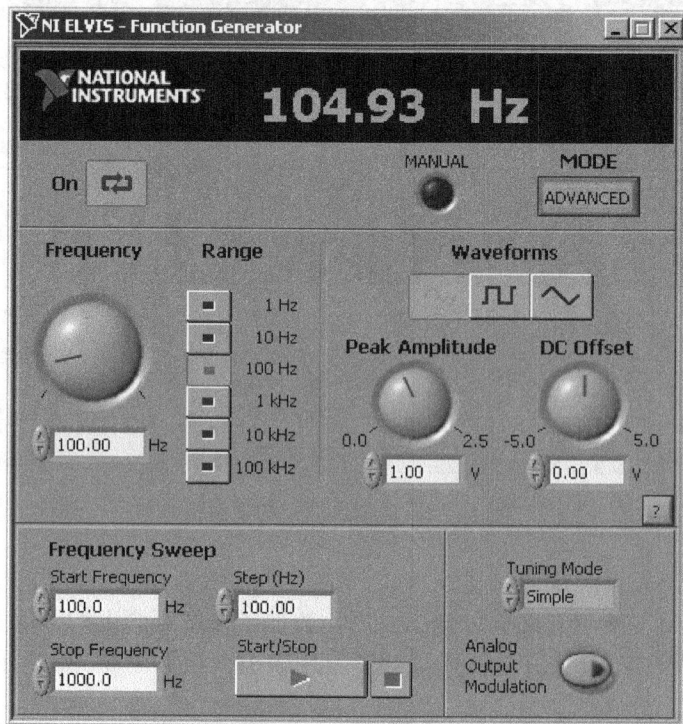

图 2-34　虚拟信号发生器的前面板

思考题与习题

1. 简述磁电系测量机构的工作原理。

2. 当磁电系测量机构的指针停在某一刻度时,存在阻尼力矩吗?

3. 磁电系测量机构指针的角位移与什么有关?

4. 磁电系欧姆表的标度尺有什么特点?

5. 有一磁电系测量机构,内阻为 150Ω,额定电压为 45mV,现将它改为 150mA 量限的电流表,问应接多大分流器? 如将它改接为 15V 的电压表,则应接多大的附加电阻?

6. 用内阻为 $50\text{k}\Omega$ 的直流电压表测量某直流电压时,电压表的读数为 100V,若改用内阻为 $100\text{k}\Omega$ 的电压表测量,则电压表读数为 109V,问电路的实际电压为多少?

7. 图 2-35 所示为一只多量程毫安表的原理接线图,表头支路已断线,只知道其中一个分流电阻 $R_2 = 1.6\Omega$,试计算其他分流电阻 R_1、R_3、R_4 的电阻值。

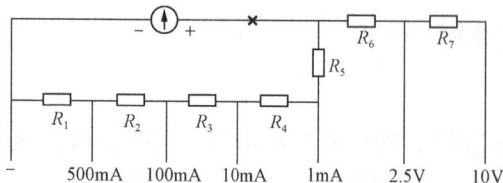

图 2-35　题 7 图

8. 说明逐次逼近式 A/D 转换器中的 D/A 转换器的作用。

9. 为什么逐次逼近式 A/D 转换器抑制串模干扰的能力差？

10. 能否用平均值检波电压表测量波形畸变的交流电压有效值？为什么？应该用什么方法测量？

11. 简述虚拟仪器的概念及组成。

第二篇　电 工 技 术 实 验

实验一　磁电系仪表电压、电流量程的扩展

一、实验目的

(1) 掌握直流电压表、电流表扩展量程的原理和设计方法。

(2) 学会校验仪表的方法。

(3) 熟悉实验台上仪表的使用及布局。

(4) 熟悉恒压源与恒流源的使用。

二、实验原理与说明

多量程磁电系电压表或电流表由表头和测量电路组成。

表头为磁电系测量机构，其满偏电流和内阻用 I_C 和 R_C 表示。

多量程（如 5、10V）电压表的测量电路如实验图 1-1 所示，图中 R_1、R_2 称为倍压电阻，它们的阻值与表头参数应满足下列方程

$$I_C(R_C + R_1) = 5V$$
$$I_C(R_C + R_1 + R_2) = 10V$$

多量程（如 10、20mA）电流表的测量电路如实验图 1-2 所示，图中 R_3、R_4 称为分流电阻，它们的大小与表头参数应满足下列方程

$$R_C I_C = (R_3 + R_4) \times (10 \times 10^{-3} - I_C)$$
$$(R_C + R_3) I_C = R_4 \times (20 \times 10^{-3} - I_C)$$

当表头参数确定后，倍压电阻和分流电阻均可计算出来。

根据上述原理和计算，可以得到仪表扩展量程的方法。

(1) 扩展电压量程：用表头直接测量电压的数值为 $I_C R_C$，当用它来测量 5V 电压时，必须串联倍压电阻 R_1；若测量 10V 电压时，必须串联倍压电阻 R_1 和 R_2。

(2) 扩展电流量程：用表头直接测量电流的数值为 I_C，当用它来测量大于 I_C 的电流时，必须并联分流电阻 R_3、R_4，如实验图 1-2 所示。当测量 10mA 时，应并联分流电阻 $R_3 + R_4$；当测量 20mA 时，应并联分流电阻 R_4。

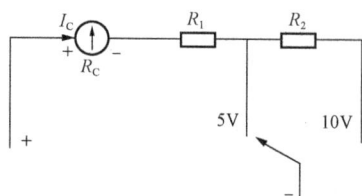

实验图 1-1　双量程电压表电路　　　　实验图 1-2　双量程电流表电路

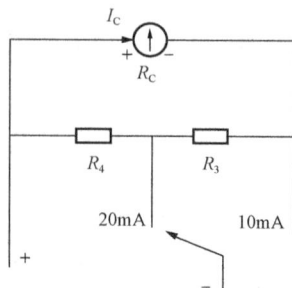

通常，用一个适当阻值的电位器与表头串联，以便在校验仪表时校正测量数值。

磁电系仪表用来测量直流电压、电流时，表盘上的刻度是均匀的（即线性刻度）。因而，扩展后的表盘刻度根据满量程均匀划分即可。在仪表校验时，必须首先校准满量程，然后逐一校验其他各点。校表规定：标准表比被校表至少高两个等级。一般用比较法校验电流表和电压表。

三、实验设备

实验设备清单见实验表 1-1。

实验表 1-1　　　　　　　　　**实 验 设 备 清 单**

名　称	型　号	规　格	数　量	编　号	备　注
恒压源		0～30V 可调	1		
恒流源		0～500mA 可调	1		
直流数字电压表		20V/3 位半	1		
直流数字电流表		20mA/3 位半	1		
磁电系表头		1mA/160Ω	1		
倍压、分流电阻等			若干		

四、实验任务

1. 扩展电压量程（5、10V）

参考实验图 1-1 电路，首先根据表头参数 I_C（1mA）和 R_C（160Ω）计算出倍压电阻 R_1、R_2，然后用磁电系表头和用电位器 RP1 调节成的倍压电阻（RP1 与一指定电阻之和）相串联，分别组成 5V 和 10V 的电压表，其电路如实验图 1-3 中虚线部分所示。按实验图 1-3 接线，PV_x 是被校表，为组装后的电压表；PV0 是标准表，为直流数字电压表。如在满量程时有误差，用电位器 RP1 调整，然后调节电压源输出校验其他各点，将校验数据记录在实验表 1-2 中。这就是用比较法校验电压表的方法。

实验表 1-2　　　　　　　　　**电 压 表 校 验 表 格**

被校表	标准表		U_-(V)	误差		δ
U_x(V)	$U_\uparrow$(V)	$U_\downarrow$(V)		ΔU(V)	γ %	
0						
1						
2						
3						
4						
5						

2. 扩展电流量程（10、20mA）

参考实验图 1-2 所示电路，根据表头参数 I_C（1mA）和 R_C（160Ω）计算出分流电阻 R_3、R_4，然后用磁电系表头和电位器 RP2 并联，调成分流电阻 R_3+R_4 和 R_4，分别组成 10mA 和 20mA 的电流表，其电路如图 1-4 中虚线部分所示。按实验图 1-4 接线，PA_x 是被校表，为组装后的电流表；PA0 是标准表，为直流数字电流表。如在满量程时有误差，用电位器 RP2 调整，然后调节电流源输出校验其他各点，将校验数据记录在实验表 1 - 3 中。这就是用比较法校验电流表的方法。

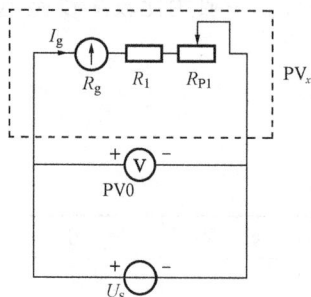

实验图 1 - 3　电压表
校验电路

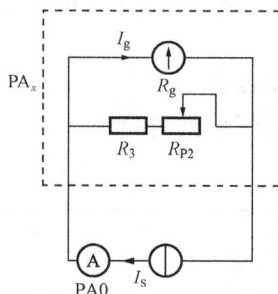

实验图 1 - 4　电流表
校验电路

实验表 1 - 3　　　　　　　**电 流 表 校 验 表 格**

被校表 I_x(mA)	标准表		I_-(mA)	误差		δ
	$I_\uparrow$(mA)	$I_\downarrow$(mA)		ΔI(mA)	γ %	
0						
2						
4						
6						
8						
10						

说明：

在实验表 1 - 2、实验表 1 - 3 中，δ 是修正值，为绝对误差的反号。

上面标准表的读数分别取 $U_\uparrow$、$U_\downarrow$ 和 $I_\uparrow$、$I_\downarrow$，是指被校表在升降过程中取几个大的刻度值时标准表所对应的读数，进而取平均值为实际值。这是为了减小甚至消除升降变差的影响，提高实际值的准确性。

五、实验注意事项

（1）磁电系表头有正、负两个连接端，电路中一定要保证电流从正端流入，否则指针将反转。

（2）电流表的表头和分流电阻要可靠连接，不允许分流电阻断开。

（3）校准 5V 和 10V 电压表满量程时，均要调整电位器 RP1。同样，在校准 10、20mA 电流表满量程时，均要调整电位器 RP2。

（4）实验台上恒压源输出电压的大小，可通过粗调（分段调）波动开关和细调（连续调）旋钮进行调节，并由该组件上的数字电压表显示。在启动恒压源时，应先将输出电压调节旋钮置零位，待实验时慢慢增大。

（5）恒流源的调节同注意事项（4）。

六、预习思考题

（1）设计 5、10V 电压表的测量电路，计算满足实验任务要求的各量程的倍压电阻。

（2）设计 10、20mA 电流表的测量电路，计算满足实验任务要求的各量程的分流电阻。

（3）电压表和电流表的表盘如何刻度？

（4）如何对扩展量程后的电压表和电流表进行校验？

（5）为什么标准表的读数要取 $U_\uparrow$、$U_\downarrow$ 和 $I_\uparrow$、$I_\downarrow$？

七、实验报告要求

（1）画出 5、10V 电压表和 10、20mA 电流表的测量电路，标明倍压电阻和分流电阻的阻值。

（2）根据校验数据写出电压表和电流表的校验报告，确定电压表、电流表的等级。

（3）已知表头参数：1mA、160Ω，设计一个万用表（部分）测量电路，要求能测量 5、10V 直流电压和 10、20mA 直流电流。

（4）回答预习思考题（3）和（4）。

实验二　电压表、电流表内阻的测量与不确定度的估算

一、实验目的

(1) 掌握电压表、电流表内阻的测量方法。

(2) 掌握电工仪表测量误差的计算方法。

(3) 学习不确定度的分析计算方法。

二、实验原理与说明

电压表和电流表都具有一定的内阻，分别用 R_V 和 R_A 表示，用电压表和电流表测量电路中的电压和电流。如实验图 2-1 所示，当用电压表测量电阻 R_2 两端电压 U_2 时，电压表与 R_2 并联，只有电压表内阻 R_V 无穷大时，才不会改变电路原来的状态。同理，如果用电流表测量电路的电流 I，电流表串入电路，要想不改变电路原来的状态，电流表的内阻 R_A 必须等于零。但实际的电压表和电流表的内阻一般都不能满足上述要求，即它们的内阻不可能为无穷大或者为零，因此，当仪表接入电路时都会使电路原来的状态产生变化，使被测的读数值与电路原来的实际值之间产生误差，这种由于仪表内阻引入的测量误差，称之为方法误差。显然，方法误差值的大小与仪表本身内阻值的大小有关。

可见，仪表的内阻是一个十分关注的参数。

下面介绍出两种测量仪表的内阻的方法。

1. 用"分流法"测量电流表的内阻

设被测电流表的内阻为 R_A，满量程电流为 I_m，测试电路如实验图 2-2 所示，首先断开开关 S，调节恒流源的输出电流 I_S，使电流表指针达到满偏转，即 $I=I_A=I_m$。然后合上开关 S，并保持 I_S 值不变，调节电阻箱 R 的阻值，使电流表的指针指在 1/2 满量程位置，即

$$I_A = I_R = \frac{I_m}{2}$$

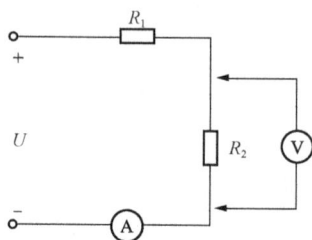

实验图 2-1　测量电阻两端电压

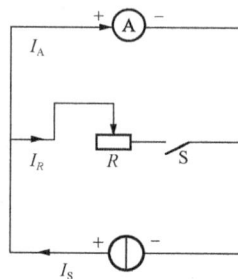

实验图 2-2　分流法测电流表内阻

则电流表的内阻 $R_A = R$。

2. 用"分压法"测量电压表的内阻

设被测电压表的内阻为 R_V，满量程电压为 U_m，测试电路如实验图 2-3 所示。首先闭合开关 S，调节恒压源的输出电压 U_S，使电压表指针达到满偏转，即 $U_S = U_V = U_m$。然后断开开关 S，并保持 U_S 值不变，调节电阻箱 R 的阻值，使电压表的指针指在 1/2 满量程位置，即

$$U_V = U_R = \frac{U_m}{2}$$

实验图 2-3 分压法测电压表内阻的电路

则电压表的内阻 $R_V = R$。

在实验图 2-1 所示电路中，由于电压表的内阻 R_V 不为无穷大，在测量电压时引入的方法误差计算如下。

R_2 上的电压为 $U_2 = \dfrac{R_2}{R_1 + R_2} U$，若 $R_1 = R_2$，则 $U_2 = U/2$。

现用一内阻为 R_V 的电压表来测 U_2 值，当 R_V 与 R_2 并联后，$R_2' = \dfrac{R_V R_2}{R_V + R_2}$，以此来代替上式的 R_2，则得

$$U_2' = \frac{\dfrac{R_V R_2}{R_V + R_2}}{R_1 + \dfrac{R_V R_2}{R_V + R_2}} U$$

绝对误差为

$$\Delta U = U_2' - U_2 = \left(\frac{\dfrac{R_V R_2}{R_V + R_2}}{R_1 + \dfrac{R_V R_2}{R_V + R_2}} - \frac{R_2}{R_1 + R_2} \right) U$$

$$= \frac{-R_1 R_2{}^2}{(R_1 + R_2)(R_1 R_2 + R_2 R_V + R_V R_1)} U$$

若 $R_1 = R_2 = R_V$，则得

$$\Delta U = -\frac{U}{6}$$

相对误差

$$\gamma_U = \frac{U_2' - U_2}{U_2} \times 100\% = \frac{-\dfrac{U}{6}}{\dfrac{U}{2}} \times 100\% = -33.3\%$$

所以，由方法误差引起的不确定度为

$$\Delta_U = |\Delta U| = U/6$$

相对不确定度为
$$U_r = |\gamma_U| = 33.3\%$$

本实验使用的电压表和电流表采用实验一的表头（1mA、160Ω）及其制作的电压表（5、10V）和电流表（10、20mA）。

三、实验设备

实验设备清单见实验表 2-1。

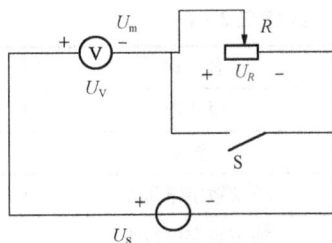

实验表 2 - 1　　　　　　　　　　实 验 设 备 清 单

名　称	型　号	规　格	数　量	编　号	备　注
恒压源		0～30V 可调	1		
恒流源		0～500mA 可调	1		
直流数字电压表		20V/3 位半	1		
直流数字电流表		20mA/3 位半	1		
磁电系表头		1mA/160Ω	1		
倍压、分流电阻等			若干		

四、实验任务

1. 根据"分流法"原理测定直流电流表 10mA 和 20mA 量程的内阻

实验电路如实验图 2 - 2 所示，其中 R 为电阻箱，用×100Ω、×10Ω、×1Ω 这 3 组串联，10mA 电流表用表头和电位器 RP2 并联组成（具体可参考实验一中的实验图 1 - 4）。两个电流表都需要与直流数字电流表串联（采用 20mA 量程挡），由可调恒流源供电，调节电位器 RP2 校准满量程。实验电路中的电源用可调恒流源，测试内容见实验表 2 - 2，并将实验数据记入表中。

实验表 2 - 2　　　　　　　　　电流表内阻测量数据

被测表量程（mA）	S 断开，调节恒源，使 $I=I_A=I_m$(mA)	S 闭合，调节电阻 R，使 $I_R=I_A=I_m/2$(mA)	R（Ω）	计算内阻 R_A（Ω）
10				
20				

2. 根据"分压法"原理测定直流电压表 5V 和 10V 量程的内阻

实验电路如实验图 2 - 3 所示，其中 R 为电阻箱，用×1kΩ、×100Ω、×10Ω、×1Ω 这 4 组串联，5、10V 电压表分别用表头、电位器 RP1 和一指定电阻串联组成（具体参数见实验一中的实验图 1 - 3），两个电压表都需要与直流数字电压表并联，由可调恒压源供电，调节电位器 RP1 校准满量程。实验电路中的电源用可调恒压源，测试内容见实验表 2 - 3，并将实验数据记入表中。

实验表 2 - 3　　　　　　　　　电压表内阻测量数据

被测表量程（V）	S 闭合，调节恒压源，使 $U=U_V=U_m$(V)	S 断开，调节电阻 R，使 $U_R=U_V=U_m/2$(V)	R（Ω）	计算 R_V（Ω）
5				
10				

3. 方法误差的测量与计算

实验电路如实验图 2 - 1 所示，其中 $R_1=10$kΩ，$R_2=10$kΩ，电源电压 $U=10$V（可调恒压源），用直流电压表 10V 挡量程测量 R_2 上的电压 U_2 之值，并计算测量的绝对误差和相对误差，实验和计算数据记入实验表 2 - 4 中。

实验表 2-4　　　　　　　　　　　　　　**方法误差与不确定度的测量与计算**

R_V	计算值 U_2	实测值 U_2'	绝对误差 $\Delta U = U_2' - U_2$	相对误差 $\Delta U / U_2 \times 100\%$	绝对不确定 Δ_U	相对不确定度 U_r

五、实验注意事项

（1）实验台上的恒压源、恒流源均可通过粗调（分段调）波动开关和细调（连续调）旋钮调节其输出量的大小，并由该组件上数字电压表、数字毫安表显示其输出量的值。在启动这两个电源时，先应使其输出电压调节或电流调节旋钮置零位，待实验时慢慢增大。

（2）恒压源输出不允许短路，恒流源输出不允许开路。

（3）电压表并联测量，电流表串入测量，并且要注意极性与量程的合理选择。

六、预习思考题

（1）根据已知表头的参数（1mA、160Ω），计算出组成 5、10V 电压表的倍压电阻和 10、20mA 的分流电阻。

（2）若根据实验图 2-2 和实验图 2-3 已测量出电流表 10mA 挡和电压表 5V 挡的内阻，可否直接计算出 20mA 挡和 10V 挡的内阻？

（3）用量程为 10A 的电流表测实际值为 8A 电流时，仪表读数为 8.1A，求测量的绝对误差和相对误差。

（4）如实验图 2-4（a）、（b）所示为伏安法测量电阻的两种电路，被测电阻的实际值为 R，电压表的内阻为 R_V，电流表的内阻为 R_A，求两种电路测电阻 R 的相对误差。

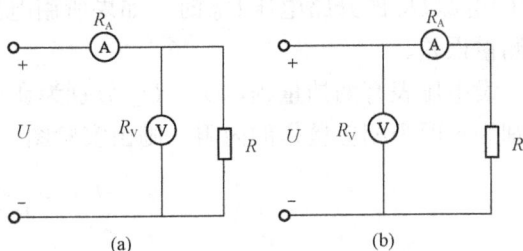

实验图 2-4　伏安法测电阻

七、实验报告要求

（1）根据实验表 2-2 和实验表 2-3 数据，计算各被测仪表的内阻值，并与实际的内阻值相比较。

（2）根据实验表 2-4 数据，计算测量的绝对误差与相对误差、绝对不确定度与相对不确定度。

（3）回答预习思考题。

实验三　减小仪表测量误差的方法

一、实验目的

（1）进一步了解电压表、电流表的内阻在测量过程中产生的误差及其分析方法。

（2）掌握减小仪表内阻引起的测量误差的方法。

二、实验原理与说明

减小因仪表内阻而引起的测量误差有两种方法，即不同量程两次测量计算法和同一量程两次测量计算法。

1. 不同量程两次测量计算法

当电压表的内阻不够高或电流表的内阻太大时，可利用多量程仪表对同一被测量用不同量程进行两次测量，利用所得读数经计算后可得到非常准确的结果。

（1）电压表不同量程两次测量计算法。如实验图 3-1 所示电路，欲测量具有较大内阻 R_0 的电源 U_S 的开路电压 U_0 时，如果所用电压表的内阻 R_V 与 R_0 相差不大，将会产生很大的测量误差。

设电压表有两挡量程，U_1、U_2 分别为在这两个不同量程下测得的电压值，令 R_{V1} 和 R_{V2} 分别为这两个相应量程的内阻，则由实验图 3-1 可得出

$$U_1 = \frac{R_{V1}}{R_0 + R_{V1}} U_S$$

$$U_2 = \frac{R_{V2}}{R_0 + R_{V2}} U_S$$

对上述两式进行整理，消去电源内阻 R_0，化简得

$$U_S = \frac{U_1 U_2 (R_{V2} - R_{V1})}{U_1 R_{V2} - U_2 R_{V1}} = U_0$$

由该式可知：通过上述的两次测量结果 U_1、U_2，可准确地计算出电源电压，即开路电压 U_0 的大小（已知电压表两个量程的内阻 R_{V1} 和 R_{V2}），而与电源内阻 R_0 的大小无关。

（2）电流表不同量程两次测量计算法。对于电流表，当其内阻较大时，也可用类似的方法测得准确的结果。如实验图 3-2 所示电路，设电流表有两挡量程，I_1、I_2 分别为在这两个不同量程下测得的电流值，令 R_{A1} 和 R_{A2} 分别为这两个相应量程的内阻，则由实验图 3-2 可得出

$$I_1 = \frac{U_S}{R_0 + R_{A1}}$$

$$I_2 = \frac{U_S}{R_0 + R_{A2}}$$

解得

$$I = \frac{U_S}{R_0} = \frac{I_1 I_2 (R_{A1} - R_{A2})}{I_2 R_{A2} - I_1 R_{A1}}$$

由该式可知：通过上述的两次测量结果 I_1、I_2，可准确地计算出被测电流 I 的大小（已知电流表两个量程的内阻 R_{A1} 和 R_{A2}）。

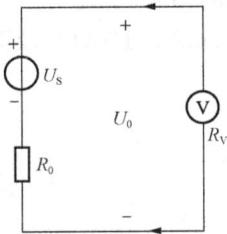

实验图 3-1　测量
电压源开路电压

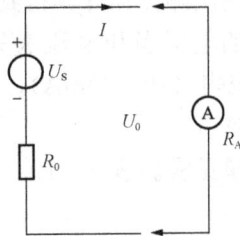

实验图 3-2　测量
电路电流

2. 同一量程两次测量计算法

如果电压表（或电流表）只有一挡量程，且电压表的内阻较小（或电流表的内阻较大）时，可用同一量程进行两次测量法减小测量误差。其中，第一次测量与一般的测量并无差异，只是在进行第二次测量时必须在电路中串入一个已知阻值的附加电阻。

（1）电压测量。测量如实验图 3-3 所示电路的开路电压 U_0。

第一次测量，电压表的读数为 U_1（设电压表的内阻为 R_V），第二次测量时应与电压表串接一个已知阻值的电阻 R，电压表读数为 U_2，由图可知

$$U_1 = \frac{R_V}{R_0 + R_V} U_S$$

$$U_2 = \frac{R_V}{R_0 + R_V + R} U_S$$

解上两式，可得

$$U_S = U_0 = \frac{R U_1 U_2}{R_V (U_1 - U_2)}$$

（2）电流测量。测量如实验图 3-4 所示电路的电流 I。

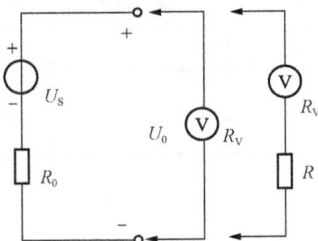

实验图 3-3　测量电路开路电压

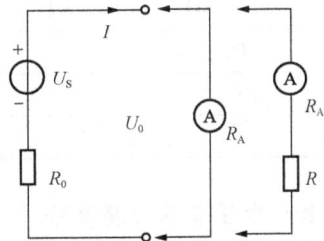

实验图 3-4　测量电路电流

第一次测量，电流表的读数为 I_1（设电压表的内阻为 R_A），第二次测量时应与电流表串接一个已知阻值的电阻 R，电流表读数为 I_2，由图可知

$$I_1 = \frac{U_S}{R_0 + R_A}, \quad I_2 = \frac{U_S}{R_0 + R_A + R}$$

解得

$$I = \frac{U_S}{R_0} = \frac{I_1 I_2 R}{I_2 (R_A + R) - I_1 R_A}$$

由以上分析可知：采用多量程仪表测量法或单量程仪表两次测量法，不管电表内阻如

何，总可以通过两次测量和计算得到比单次测量更加准确的结果。

本实验使用的电压表和电流表采用实验一的表头（1mA、160Ω）及其制作的电压表（5、10V）和电流表（10、20mA）。

三、实验设备

实验设备清单见实验表 3-1。

实验表 3-1　　　　　　　　　　实 验 设 备 清 单

名　称	型　号	规　格	数　量	编　号	备　注
恒压源		0~30V 可调	1		
直流数字电压表		20V/3 位半	1		
磁电系表头		1mA/160Ω	1		
倍压、分流电阻等			若干		
电阻箱、固定电阻等			若干		

四、实验任务

1. 双量程电压表两次测量法

实验电路如实验图 3-1 所示，使用的 5、10V 电压表分别用表头、电位器 RP1 和倍压电阻串联组成（具体参数见实验一中的实验图 1-3），两个电压表都需要与直流数字电压表并联，由可调恒压源供电，调节电位器 RP1 校准满量程。电路中的电源 U_S 是实验台上恒压源，调到 +6V，R_0 选用 6kΩ（十进制电阻箱），用直流电压表的 5V 和 10V 两挡量程进行两次测量，将数据记入实验表 3-2 中，并根据表中的要求计算出各项内容（R_{V1} 和 R_{V2} 参照实验一的结果）。

实验表 3-2　　　　　　　　双量程电压表两次测量实验数据

电压表量程（V）	内阻（kΩ）	$U_0 = U_S$（V）	测量值（V）	两次测量计算值（V）	绝对误差 ΔU（V）	相对误差 $\Delta U/U_0 \times 100\%$
5	$R_{V1} =$		$U_1 =$			
10	$R_{V2} =$		$U_2 =$			
两次测量				$U_0 =$		

2. 单量程电压表两次测量法

实验电路同实验图 3-3，电路中的电源 U_S 是实验台上恒压源，调到 +6V，R_0 选用 6kΩ（十进制电阻箱），用上述电压表的 10V 量程挡进行测量，第一次直接测量，第二次串接 $R = 10kΩ$ 的附加电阻进行测量，将数据记入实验表 3-3 中，并根据表中的要求计算出各项内容。

实验表 3-3　　　　　　　　单量程电压表两次测量实验数据

实际计算值（V）	两次测量值（V）		测量计算值（V）	绝对误差（V）	相对误差
U_0	U_1	U_2	U_0'	ΔU	$\Delta U/U_0 \times 100\%$

3. 双量程电流表两次测量法

实验电路如实验图 3-2 所示，10mA 和 20mA 电流表由表头与分流电阻并联而成（具体参数见实验一中实验图 1-4）；两个电流表都需要与直流数字电流表串联，由可调恒流源供电，调节电位器 RP2 校准满量程。电路中的电源 U_S 是实验台上的恒压源，调到 +12V，R_0 选用 12kΩ（十进制电阻箱），用直流电流表的 10mA 和 20mA 两挡量程进行两次测量，将数据记入实验表 3-4 中，并根据表中的要求计算出各项内容（R_{A1} 和 R_{A2} 参照实验一的结果）。

实验表 3-4　　　　　　　双量程电流表两次测量实验数据

电流表量程 (mA)	内阻 (kΩ)	测量值 (mA)	两次测量计算值 (mA)	电路计算值	绝对误差 ΔI(mA)	相对误差 $\Delta I/I \times 100\%$
5	$R_{A1}=$	$I_1=$				
10	$R_{A2}=$	$I_2=$				
两次测量			$I=$			

4. 单量程电流表两次测量法

实验电路如实验图 3-4 所示，其中，电源 U_S 是实验台上的恒压源，调到 +12V，R_0 选用 12kΩ（十进制电阻箱），用上述电流表的 10mA 量程挡进行测量，第一次直接测量，第二次串接 $R=10$kΩ 的附加电阻进行测量，将数据记入实验表 3-5 中，并根据表中的要求计算出各项内容。

实验表 3-5　　　　　　　单量程电流表两次测量实验数据

实际计算值 (mA)	两次测量值 (mA)		测量计算值 (mA)	绝对误差 (mA)	相对误差
I	I_1	I_2	I_0'	ΔI	$\Delta I/I \times 100\%$

五、实验注意事项

（1）启动实验台上的恒压源时，先应使其输出旋钮置零位，待实验时慢慢增大，其输出量的大小由该组件上数字电压表显示。

（2）恒压源输出不允许短路。

（3）电压表并联测量，电流表串联测量，并注意其极性。

六、预习思考题

（1）根据已知表头的参数（1mA、160Ω），计算出组成 5、10V 电压表的倍压电阻和 10、20mA 电流表的分流电阻，并计算出它们的内电阻值。

（2）计算用内阻为 R_A 的电流表测量实验图 3-2 电路电流的绝对误差和相对误差，当 $R_A=R$ 时绝对误差和相对误差是多少？

（3）用"两次测量法"测量电压或电流，绝对误差和相对误差是否等于零？为什么？

七、实验报告要求

（1）完成各数据表格中各项实验内容的计算。

（2）回答预习思考题。

实验四 欧姆表的制作与校验

一、实验目的
（1）掌握欧姆表的基本原理和设计方法。
（2）了解欧姆表的使用方法。
（3）学会欧姆表的校验方法和刻度盘的绘制。

二、实验原理与说明

最简单的欧姆表原理图如实验图 4 - 1 所示，表头、电源 U_S 和限流电阻 R_1 组成测量电路，A、B 两端与被测电阻 R_x 相接，电路中的电流

$$I = \frac{U_S}{R_C + R_1 + R_x}$$

显然被测电阻 R_x 越大，电流 I 越小。用表头测出电流 I 即可间接反映电阻 R_x 的值，即

$$R_x = \frac{U_S}{I - R_C - R_1}$$

当 $R_x = 0$ 时，流过表头的电流正好是满偏电流，即

$$I = I_C = \frac{U_S}{R_C + R_1}$$

则限流电阻

$$R_1 = \frac{U_S}{I_C - R_C}$$

在这种线路中，欧姆表的刻度盘具有反向和不均匀刻度的特性：当被测电阻 $R_x = 0$ 时，刻度是指针满偏位置；当 $R_x \to \infty$ 时，刻度是指针零的位置；在电流接近零时，R_x 的变化对 I 的影响较小，度盘上刻线比较密，在电流接近满偏时，R_x 的变化对 I 的影响较大，刻度盘上刻线比较稀，当被测电阻 R_x 等于 $R_C + R_1$ 时，$I_x = I_C/2$，表头指针恰好指在刻度盘中心，因而将此阻值称为中值电阻 R_m。显然中值电阻 R_m 越小，欧姆表右半部分的分度值就越小，因此使用欧姆表测量电阻时主要用分度盘的右半部和中心附近。

欧姆表一般具有多个中值电阻，如 $R_m \times 1$、$R_m \times 10$、$R_m \times 100$ 等，为保证在各种中值电阻情况下，当 $R_x = 0$ 时流过表头的电流均为表头的满偏电流 I_C，必须与表头并联分流电阻 R_{S1}、R_{S2}、R_{S3}。

实验图 4 - 2 示出一个具有 3 个中值电阻 $R_m \times 1$、$R_m \times 10$、$R_m \times 100$ 的欧姆表电路，图中，R_{S1}、R_{S2}、R_{S3} 为分流电阻，R_{11}、R_{12}、R_{13} 为限流电阻，U_S 通常使用 1.5V 的干电池，但该电池用久了电压 U_S 会逐渐下降，在测量相同数值的 R_x 时，流过表头的电流就会不一样，从而产生测量误差。为此，用一个可调电阻 R 与表头串联，在 U_S 降低时减小 R 值，以减小测量误差。所以使用欧姆表测量电阻前，要先将 R 调到合适的数值。调节方法是：将欧姆表的外接两端钮短路，调节可调电阻 R，使指针指向零刻度。这一操作称为"欧姆挡调零"。在使用欧姆表测量电阻时，必须首先进行"欧姆挡调零"。

设计实验图 4 - 2 所示欧姆表电路的方法如下。

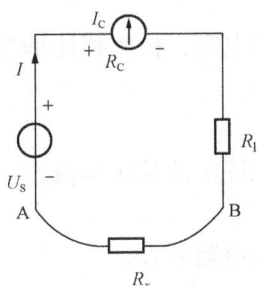

实验图 4-1 欧姆表原理图

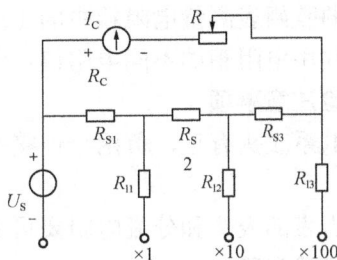

实验图 4-2 三倍率欧姆表电路

（1）根据给定的 R_m、U_S、R 和 R_C、I_C 值，计算出分流电阻 R_{S1}、R_{S2} 和 R_{S3}

$$\left(\frac{U_S}{R_m}-I_C\right)\times R_{S1}=I_C\times(R+R_C+R_{S3}+R_{S2})$$

$$\left(\frac{U_S}{10\times R_m}-I_C\right)\times(R_{S1}+R_{S2})=I_C\times(R+R_C+R_{S3})$$

$$\left(\frac{U_S}{100\times R_m}-I_C\right)\times(R_{S1}+R_{S2}+R_{S3})=I_C\times(R+R_C)$$

解上述 3 个联立方程，可求得 R_{S1}、R_{S2} 和 R_{S3}。

（2）计算 3 个限流电阻 R_{l1}、R_{l2} 和 R_{l3}。

$$1\times R_m=R_{S1}//(R+R_C+R_{S3}+R_{S2})+R_{l1}$$

得出

$$R_{l1}=1\times R_m-R_{S1}//(R+R_C+R_{S3}+R_{S2})$$

同理

$$R_{l2}=10\times R_m-(R_{S1}+R_{S2})//(R+R_C+R_{S3})$$

$$R_{l3}=100\times R_m-(R_{S1}+R_{S2}+R_{S3})//(R+R_C)$$

如设定：$U_S=1.5V$，$R_m=12\Omega$，$R=100\Omega$，$R_C=160\Omega$，$I_C=1mA$，上述分流电阻和限流电阻均可计算出来。

三、实验设备

实验设备清单见实验表 4-1。

实验表 4-1 实 验 设 备 清 单

名　称	型　号	规　格	数　量	编　号	备　注
恒压源		0～30V可调	1		
磁电系表头		1mA/160Ω	1		
倍压、分流电阻等			若干		
电阻箱、固定电阻等			若干		

四、实验任务

1. 设计、制作欧姆表

参考实验图 4-2 电路，设定 $U_S=1.5V$，$R_m=10\Omega$，$R=100\Omega$，$R_C=160\Omega$，$I_C=1mA$，设计、制作具有 3 个中值电阻 $R_m\times1$、$R_m\times10$、$R_m\times100$ 的欧姆表电路，其中，U_S 用恒压源的可调电压输出端，R 用 100Ω 的电位器，分流电阻和限流电阻均用电阻箱中的电阻。

2. 绘制刻度盘并校验欧姆表

用制作的欧姆表测量电阻箱中的 10、100Ω 和 1000Ω 的电阻，检查指针是否在表头刻度盘的中心。并用电阻箱的不同电阻值，绘制欧姆表的刻度盘。

五、实验注意事项

（1）磁电系表头有正、负两个连接端，电路中一定要保证电流从正端流入，否则指针将反转。

（2）欧姆表的表头和分流电阻要可靠连接，不允许分流电阻断开。

六、预习思考题

（1）欧姆表的刻度盘为什么具有反向和不均匀刻度的特性？

（2）什么是中值电阻？当被测电阻等于中值电阻时，表头指针在什么位置？

（3）根据实验要求，设计欧姆表的测量电路，计算出分流电阻和限流电阻。

七、实验报告要求

（1）回答预习思考题。

（2）画出具有 3 个中值电阻 $R_m \times 1$、$R_m \times 10$、$R_m \times 100$ 的欧姆表电路，标明限流电阻和分流电阻的阻值。

（3）绘制欧姆表的刻度盘。

（4）写出欧姆表的校验报告。

实验五　电阻元件伏安特性的测量

一、实验目的

(1) 学习线性电阻、非线性电阻元件伏安特性的测定方法。

(2) 加深对线性电阻、非线性电阻元件伏安特性的理解。

(3) 掌握稳压电源、直流数字电压表、电流表的使用方法。

二、实验原理与说明

二端电阻元件的伏安特性是指该元件上的端电压 u 与通过该元件的电流 i 之间的函数关系，用 $u=f(i)$ 来表示，在 u-i 坐标平面上表示电阻元件的电压电流关系曲线称为伏安特性曲线。根据伏安特性的不同，电阻元件分两大类：线性电阻和非线性电阻。

线性电阻元件的端电压 u 与电流 i 符合欧姆定律，即 $u=Ri$，其中 R 称为元件的电阻，是一个常数，其伏安特性曲线是一条通过坐标原点的直线，如实验图 5-1（a）所示。该直线的斜率只与元件的电阻 R 有关，与元件两端的电压 u 和通过该元件的电流 i 无关。线性电阻元件具有双向性。

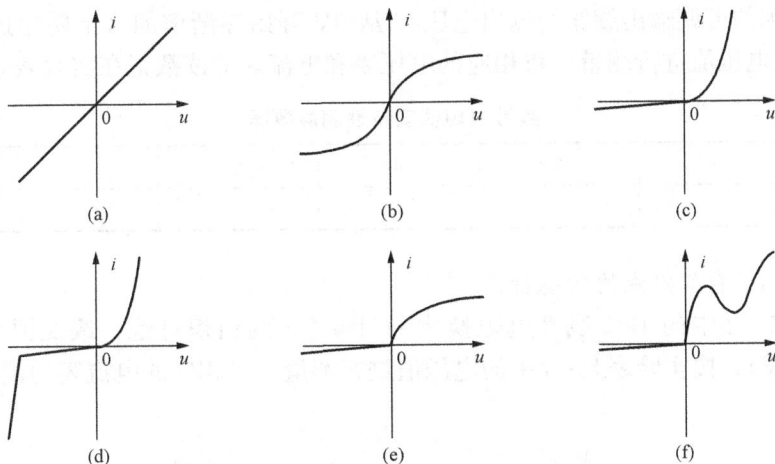

实验图 5-1　电阻元件的伏安特性

(a) 线性电阻元件的伏安特性；(b) 白炽灯丝的伏安特性；

(c) 普通二极管的伏安特性；(d) 稳压二极管的伏安特性；

(e) 恒流管伏安特性；(f) 隧道二极管的伏安特性

非线性电阻元件的端电压 u 与电流 i 的关系是非线性关系，其阻值 R 不是一个常数，随着电流或电压的变化而变化，其伏安特性曲线是一条通过坐标原点的曲线。非线性电阻种类繁多，常见的如白炽灯丝、普通二极管、稳压二极管、恒流管和隧道二极管等，它们的伏安特性曲线分别如实验图 5-1（b）、（c）、（d）、（e）、（f）所示。在实验图 5-1 中，$u>0$ 的部分为正向特性，$u<0$ 的部分为反向特性。

伏安特性曲线的绘制通常采用逐点测试法，在不同的端电压作用下，测量出相应的电流，然后逐点绘制出伏安特性曲线。

三、实验设备

实验设备清单见实验表 5-1。

实验表 5-1　　　　　　　　　　　**实 验 设 备 清 单**

名　　称	型　号	规　格	数　量	编　号	备　注
恒压源		0～30V 可调	1		双路
直流数字电压表		3 位半/20V	1		
直流数字电流表		3 位半/20mA	1		
线性电阻		1kΩ	1		4～8W
白炽灯		6.3V	1		
电阻箱			1		
普通二极管	1N4007		1		
稳压二极管	2CW51		1		

四、实验内容

1. 测定线性电阻的伏安特性

按实验图 5-2 接线，图中的电源 U_S 选用恒压源，R_L 为 1kΩ 的线性电阻。

调节恒压源的可调输出旋钮使输出电压 U 从 0V 开始逐渐增加（不要超过 10V），按实验表 5-2 中的电压值进行测量，将相应的电压表和电流表的读数记在实验表 5-2 中。

实验表 5-2　　　　　　　　　**线性电阻伏安特性测量数据**

U(V)	0	2	4	6	8	10
I(mA)						

2. 测定 6.3V 白炽灯泡的伏安特性

将实验图 5-2 中的 1kΩ 线性电阻换成一只 6.3V 的白炽灯泡，改变恒压源的电压值（不要超过 6.3V），按实验表 5-3 中的电压值进行测量，将相应的电流表的读数记在实验表 5-3 中。

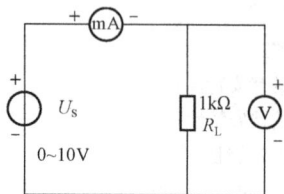

实验图 5-2　线性电阻伏安
特性测量电路

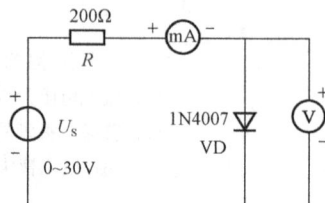

实验图 5-3　二极管伏安
特性测量电路

实验表 5-3　　　　　　　　　**6.3V 白炽灯泡伏安特性测量数据**

U(V)	0	1	2	3	4	5	6.3
I(mA)							

3. 测定半导体二极管的伏安特性

按实验图 5 - 3 接线，R 为限流电阻，找出 4W 以上阻值 200Ω 电阻，二极管 VD 的型号为 1N4007。测二极管的正向特性时，其正向电流不得超过 25mA，二极管 VD 的正向压降可在 0～0.75V 之间取值，在 0.5～0.75 之间应多取几个测量点，改变恒压源的电压值（不能超过 0.75V），按实验表 5 - 4 中的电压值进行测量，将相应的电压表和电流表的读数记在实验表 5 - 4 中；测二极管的反向特性时，将可调恒压源的输出端正、负连线互换，调节恒压源的可调输出旋钮使输出电压 U 从 0V 开始逐渐增加，按实验表 5 - 5 中的电压值进行测量，将相应的电压表和电流表的读数记在实验表 5 - 5 中。

实验表 5 - 4　　　　　　　　二极管正向特性测量数据

U(V)	0	0.2	0.4	0.45	0.5	0.55	0.60	0.65	0.70	0.75
I(mA)										

实验表 5 - 5　　　　　　　　二极管反向特性测量数据

U(V)	0	−5	−10	−15	−20	−25	−30
I(mA)							

4. 测定稳压管的伏安特性

将实验图 5 - 3 中的二极管 1N4007 换成稳压管 2CW51，测量稳压管的正、反向特性，按实验表 5 - 6 和实验表 5 - 7 中的电压值改变恒压源的电压进行测量，其正、反向电流不得超过 ±20mA，将测量数据分别记入实验表 5 - 6 和实验表 5 - 7 中。

实验表 5 - 6　　　　　　　　稳压管正向特性测量数据

U(V)	0	0.2	0.4	0.45	0.5	0.55	0.60	0.65	0.70	0.75
I(mA)										

实验表 5 - 7　　　　　　　　稳压管反向特性测量数据

U(V)	0	−1	−1.5	−2	−2.5	−2.8	−3	−3.2	−3.5	−3.55
I(mA)										

五、实验注意事项

（1）恒压源接入电路之前应将可调输出旋钮置零位（即输出电压为 0），调节时应缓慢增加电压，时刻注意电压表和电流表的读数，不能超过要求的电压和电流值。

（2）注意恒压源使用时输出端不能短路。

（3）电压表和电流表的极性不要接错，使用时注意不要超量程。

（4）测二极管和稳压管的伏安特性时，必须接限流电阻，否则容易损坏设备。

六、预习思考题

（1）线性电阻与非线性电阻的伏安特性有什么区别？它们的电阻值与通过的电流有无关系？

（2）如何计算线性电阻与非线性电阻的电阻值？

（3）举例说明哪些元件是线性电阻，哪些元件是非线性电阻，它们的伏安特性曲线是什么形状？

七、实验报告要求

（1）根据实验测量数据，用坐标纸分别绘制出各个电阻元件的伏安特性曲线，并说明所测各元件的特性。

（2）根据线性电阻的伏安特性曲线，计算线性电阻的电阻值，并与实际电阻值进行比较。

（3）根据白炽灯的伏安特性曲线，计算白炽灯在额定电压（6.3V）时的电阻值，当电压降低 20％时，阻值为多少？

（4）回答预习思考题。

实验六　电位、电压的测定及电路电位图的绘制

一、实验目的

(1) 掌握电位和电压的测量方法，加深对参考点的理解。

(2) 加深对电位的相对性和电压的绝对性的理解。

(3) 学会电路电位图的绘制方法。

二、实验原理与说明

在一个确定的闭合电路中，各点电位的高低随电位参考点的变化而发生变化，但任意两点之间的电压（电位差）不随参考点的变化而改变，这一性质称为电位的相对性和电压的绝对性。据此性质，可用一个电压表来测量各点的电位及任意两点间的电压。

1. 电位的测量方法

测直流电路中某点的电位时，应选择电压表的适合量程，电压表的负极性（黑表笔）端接在参考点上，正极性（红表笔）端接在待测点上，若为数字电压表则显示值即为该待测点的电位值。若为指针式电压表，如果指针正偏，则待测点电位的读数为正值；如果指针反偏，要交换红黑表笔再进行测量，待测点电位的读数记为负值。

2. 电压的测量方法

测直流电路中某两点间的电压时，电压表的正极性（红表笔）端接在电压参考方向的高电位（正）端，负极性（黑表笔）端接在电压参考方向的低电位（负）端。若为数字电压表则显示值即为两点间的电压值。若为指针式电压表，如果指针正偏，则两点间的电压的读数为正值；如果指针反偏，交换红黑表笔再进行测量，两点间的电压的读数记为负值。

3. 电位图的绘制

若以电路中的电位作为纵坐标，电路中电阻作为横坐标，将测量到的各点电位在该坐标平面中标出，并将标出点按顺序用直线段相连接就可得到电路的电位变化图。每段直线即表示该两点间电位的变化情况。而且，任意两点的电位变化，即为该两点之间的电压。

在电路中，电位参考点可任意选定，对于不同的参考点所绘出的电位图形是不同的，但电位变化的规律却是一样的。

三、实验设备

实验设备清单见实验表 6-1。

实验表 6-1　　　　　　　　实 验 设 备 清 单

名　称	型　号	规　格	数 量	编　号	备　注
恒压源		0~30V 可调	1		双路
直流数字电压表		3 位半/20V	1		
实验电路板			1		
导线			若干		

四、实验内容

实验电路如实验图 6 - 1 所示。图中，$R_1 = R_3 = R_4 = 510\Omega$，$R_2 = 1k\Omega$，$R_5 = 330\Omega$，电源 U_{S1} 将恒压源一路的输出电压调到 ＋6V，U_{S2} 将恒压源另一路的输出电压调到 ＋12V（均以直流电压表读数为准）。实验前先熟悉实验电路板结构，掌握各开关的操作使用方法，开关 S1 向上与外接的 U_{S1} 相连，向下 EF 两点短路；开关 S2 向上与外接的 U_{S2} 相连，向下 BC 两点短路；开关 S3 向上与电阻 R_3 相连，向下与二极管 VD 相连；故障选择开关向下电路无故障，向上电路存在故障。本实验要求开关 S1、S2 都置向上状态将恒压源 U_{S1}、U_{S2} 接入电路，开关 S3 置向上状态将电阻 R_3 接入电路，故障选择开关置向下，电路正常状态。

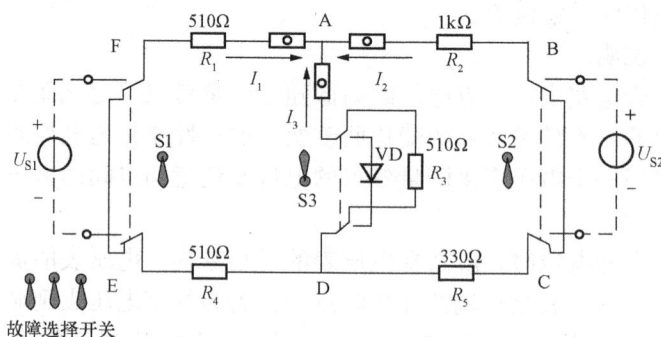

实验图 6 - 1　电位、电压测量电路

1. 测量电路中各点电位

以实验图 6 - 1 中的 A 点为电位参考点，分别测量 B、C、D、E、F 各点的电位。

用电压表的负极性（黑表笔）端插入参考点 A 点上，正极性（红表笔）端分别插入 B、C、D、E、F 各点进行测量，测得数据记入实验表 6 - 2 中。

以 D 点为电位参考点，分别测量 A、B、C、E、F 各点的电位，测得的数据记入实验表 6 - 2 中。

2. 测量电路中相邻两点之间的电压值

在实验图 6 - 1 中，分别以 A 点和 D 点为参考点测量 U_{AB}、U_{BC}、U_{CD}、U_{DE}、U_{EF} 及 U_{FA} 的电压。测量电压 U_{AB}：将电压表的正极性（红表笔）端插入 A 点，负极性（黑表笔）端插入 B 点，电压表读数即为 U_{AB} 的电压，按同样方法测量出 U_{BC}、U_{CD}、U_{DE}、U_{EF} 及 U_{FA} 的电压，测得数据记入实验表 6 - 2 中。

实验表 6 - 2　　　　　　　**电路中各点电位和电压测量数据**　　　　　（单位：V）

电位参考点	U_A	U_B	U_C	U_D	U_E	U_F	U_{AB}	U_{BC}	U_{CD}	U_{DE}	U_{EF}	U_{FA}	$\sum U$
A	0												
D				0									

五、实验注意事项

（1）实验中恒压源 U_{S1} 和 U_{S2} 的电压值，应该用电压表校准。

（2）注意实验电路板上的开关应置正确位置。

（3）用数字电压表测量电位时，若显示正值，则表明该点电位为正（即高于参考点电位）；若显示负值，表明该点电位为负（即该点电位低于参考点电位）。

（4）使用数字直流电压表测量电压时，若显示正值，则表明电压参考方向与实际方向一致；若显示负值，表明电压参考方向与实际方向相反。

六、预习思考题

（1）电位参考点不同，各点电位是否相同？任意两点间的电压是否相同，为什么？

（2）在测量电位、电压时，为何数据前标出正、负号，它们各表示什么意义？

（3）什么是电位图形？不同的电位参考点电位图形是否相同？如何利用电位图形求出各点的电位和任意两点之间的电压。

七、实验报告要求

（1）根据实验数据，用坐标纸分别绘制出以 A 点和 D 点为电位参考点的两个电位图形。

（2）根据电路参数计算出各点电位和相邻两点之间的电压值，与实验测得数据进行比较，对误差作必要的分析。

（3）回答预习思考题。

实验七　基尔霍夫定律的验证与电路故障处理

一、实验目的

（1）验证基尔霍夫定律，加深对基尔霍夫定律的理解。

（2）理解参考方向与实际方向的关系。

（3）学会简单电路故障的检查和处理。

（4）掌握直流电流表与电流插头和电流插口配合使用测电流的方法。

二、实验原理与说明

1. 基尔霍夫定律

基尔霍夫定律是电路理论中最基本的定律之一，普遍适用于线性及非线性电路。

基尔霍夫电流定律（简写 KCL）：在电路中，任一时刻流入到任一节点所有支路电流的代数和为零，即 $\sum i = 0$；还可表述为：在任一时刻流入到任一节点的电流总和等于流出该节点的电流总和，即 $\sum i_i = \sum i_o$。

基尔霍夫电压定律（简写 KVL）：在电路中，任一时刻沿任一回路的各支路电压的代数和为零，即 $\sum u = 0$。

应用 KCL 时，习惯上规定流入节点的电流取正号，流出节点的电流取负号；应用 KVL 时，一般规定电压方向与绕行方向一致的电压取正号，电压方向与绕行方向相反的电压取负号。在实验前，必须设定电路中所有电流、电压的参考方向，其中电阻上的参考方向取关联方向，本实验的参考方向如实验图 7‑1 所示。

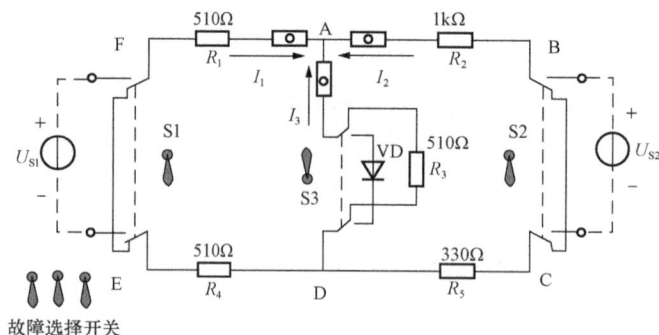

实验图 7‑1　电压、电流测量电路

2. 检查、分析电路的简单故障

实验电路中常见的简单故障一般出现在连线部分或元件部分。连线部分的故障通常有连线接错，接触不良（因接触不良而造成的断路或短路等）；元件部分的故障通常有接错元件、元件值错，电源输出（电压或电流）数值错等。

检查故障的一般方法：用万用表电压挡（或电压表）在通电状态下或欧姆挡在断电状态下检查电路故障。

（1）检查线路接线是否正确，仪表规格与量程、元件参数（包括额定电压、额定电流、额定功率）及电源电压大小的选择是否正确。

（2）通电检查法是在接通电源的情况下，用万用表的电压挡或电压表，逐步测量各段的电压（或逐点测量各点对参考点的电位），根据实验电路判断故障原因。一般来说，如果电路中的某一段短路，则短路间的电压为零（或两短路点的电位相等），而其余各段电压不为零；如果串联电路某一点开路，则开路点以前的电位相等，开路点以后的电位不相等。

（3）断电检查法是在断开电源的情况下，用万用表的欧姆挡检查各元件、导线、连接点是否断开，各个器件是否短路。一般来说，如果某无源二端网络中有开路处，则该网络两端测出的电阻值比正常值大；如果某无源二端网络中有短路处，则该网络两端测出的电阻值比正常值小。

3. 直流电流表与电流插头和电流插口的配合使用

要求电流插头的红接线端应与直流毫安表的正极性（红接线）端相连接，电流插头的黑接线端应与直流毫安表的负极性（黑接线）端相连接。当电流插头未接入电路时，电流插口处于短路状态相当于导线；当电流插头接入电流插口时，通过电流插头和电流插口将电流表串入电路，从而实现不改变电路即可测各支路的电流。注意：电流插头一定要接好电流表再接入电流插口，否则会造成电路断路。

三、实验设备

实验设备清单见实验表 7 - 1。

实验表 7 - 1　　　　　　　　　　　　实 验 设 备 清 单

名　称	型　号	规　格	数　量	编　号	备　注
恒压源		0～30V 可调	2		双路
直流数字电压表		3 位半/20V	1		
直流数字电流表		3 位半/20mA	1		
电流插头			1		
实验电路板			1		
导线			若干		

四、实验内容

实验电路如实验图 7 - 1 所示。图中，$R_1 = R_3 = R_4 = 510\Omega$，$R_2 = 1k\Omega$，$R_5 = 330\Omega$，电源 U_{S1} 为恒压源一路的输出电压调到 $+6V$，U_{S2} 为恒压源另一路的输出电压调到 $+12V$（均以直流电压表读数为准）。实验前先设定 3 条支路的电流参考方向，如图中的 I_1、I_2、I_3 所示，并熟悉实验电路板的结构，掌握各开关的操作使用方法，熟悉电流插头和插口的结构。本实验要求 S1、S2 开关都置向上方，将恒压源 U_{S1}、U_{S2} 接入电路；开关 S3 置向上方，将电阻 R_3 接入电路。故障选择开关置向下电路正常，故障选择开关置向上则电路中存在故障。

1. 测量各支路电流

将电流插头分别插入 3 条支路的 3 个电流插口中，读出对应的直流数字电流表的指示值，记入实验表 7 - 2 中。根据实验图 7 - 1 中的电流参考方向，在节点 A 若电流表读数为"＋"，表示测得的电流与规定的参考方向一致，电流流入节点；读数为"－"，表示测得的电流与规定的参考方向相反，表示电流流出节点。

实验表 7 - 2　　　　　　　　　　　　各支路电流测量数据

支路电流	I_1(mA)	I_2(mA)	I_3(mA)
计算值			
测量值			
相对误差			

2. 测量各元件电压

用直流数字电压表分别测量两个电源及电阻元件上的电压值，将数据记入实验表 7 - 3 中。测量时电压表的红（正）接线端应插入被测电压前角标端，黑（负）接线端插入被测电压后角标端。

实验表 7 - 3　　　　　　　　**各元件电压测量数据表**

各元件电压	$U_{S1}(V)$	$U_{S2}(V)$	$U_{R1}(V)$	$U_{R2}(V)$	$U_{R3}(V)$	$U_{R4}(V)$	$U_{R5}(V)$
计算值							
测量值							
相对误差							

3. 检查、分析电路的简单故障

在实验图 7 - 1 实验电路中，故障选择开关已设置了开路、短路、元件值错误等故障，用电压表按通电检查法检查、分析电路的简单故障。实验图 7 - 1 中的恒压源 U_{S1} 单独作用，U_{S2} 不作用（将开关 S2 置向下状态，即 BC 端口短路）。首先将故障选择开关置"正常"，在单电源 U_{S1} 作用下，测量各段电压，然后分别选择"故障 1～3"，测量对应各段电压，与"正常"时的电压比较，并将测量的电压数据及分析结果记入实验表 7 - 4 中。

实验表 7 - 4　　　　　　　　**故障电路实验测量数据**

故障情况＼电压	U_{BC} (V)	U_{AB} (V)	U_{CD} (V)	U_{DA} (V)	U_{DE} (V)	U_{EF} (V)	U_{FA} (V)	故障原因
电路正常时								
故障 1								
故障 2								
故障 3								

五、实验注意事项

（1）实验中恒压源 U_{S1} 和 U_{S2} 的电压值，应该用电压表校准，电源表盘指示值为参考。

（2）实验电路板上的开关应置正确位置，尤其注意故障开关的位置。

（3）若用指针式电流表进行测量时，要识别电流插头所接电流表的"＋"、"－"极性，若不调换极性，则电表指针可能反偏（电流为负值时），此时必须调换电流表极性，重新测量，此时指针正偏，读得的电流值标记负号。

六、预习思考题

（1）根据实验图 7 - 1 的电路参数，计算出待测的电流 I_1、I_2、I_3 和各电阻上的电压值，分别记入实验表 7 - 2 和实验表 7 - 3 中，以便实验测量时，可正确地选定毫安表和电压表的量程。

（2）在实验图 7 - 1 的电路中，A、D 两节点的电流方程是否相同？为什么？

（3）在实验图 7 - 1 的电路中可以列几个电压方程？它们与绕行方向有无关系？

（4）实验中，若用指针万用表直流毫安挡测各支路电流，什么情况下可能出现毫安表指针反偏，应如何处理，在记录数据时应注意什么？若用直流数字毫安表进行测量时，则会有什么显示呢？

七、实验报告要求

（1）根据实验数据，选定实验电路中的任一个节点，验证基尔霍夫电流定律（KCL）的正确性。

（2）根据实验数据，选定实验电路中的任一个闭合回路，验证基尔霍夫电压定律（KVL）的正确性。

（3）根据实验数据，查找故障原因，总结电路故障检查分析的方法。

（4）回答预习思考题。

实验八　线性电路叠加性和齐次性的研究

一、实验目的

（1）验证叠加定理和齐性定理的正确性。

（2）加深理解线性电路的叠加性和齐次性，了解其适用范围。

（3）加深对电流、电压参考方向的理解。

二、实验原理与说明

叠加定理： 在线性电路中，当有两个或者两个以上的独立电源共同作用时，任意支路的电流或电压都可以看成是电路中每一个电源单独作用而其他电源不起作用时，在该支路上所产生的各电流分量或电压分量的代数和。

具体应用方法是：一个独立电源单独作用，其他独立电源不作用时，理想电压源用短路代替，理想电流源用开路代替；在求电流或电压的代数和时，以原电路中电流或电压的参考方向为准，各独立电源单独作用下的分电流或分电压的参考方向与原电路中的参考方向一致时符号取正，不一致时取负。在实验图 8-1 中有

$$I_1 = I_1' + I_1'' \qquad I_2 = I_2' + I_2'' \qquad I_3 = I_3' + I_3'' \qquad U = U' + U''$$

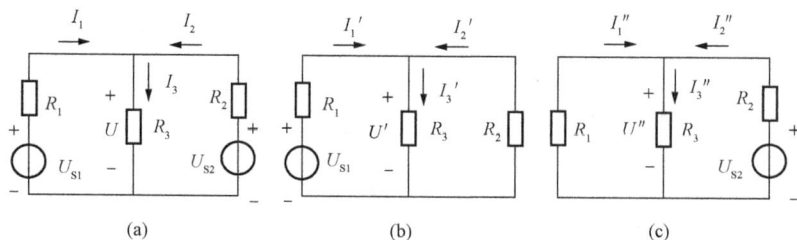

实验图 8-1　叠加定理

（a）原电路；（b）左边电压源单独供电；（c）右边电压源单独供电

齐性定理： 在线性电路中，当只有一个独立电源激励（电源作用）时，电路中任意支路的响应（电流或电压）与独立电源激励成正比，这个关系称齐性定理。

适用范围： 叠加性和齐次性只适用于求解线性电路中的电流、电压，对于非线性电路，不适用。功率计算不能用叠加法。

三、实验设备

实验设备清单见实验表 8-1。

实验表 8-1　　　　　　　　　　　　实 验 设 备 清 单

名　称	型　号	规　格	数　量	编　号	备　注
恒压源		0～30V 可调	2		
直流数字电压表		3 位半/20V	1		
直流数字电流表		3 位半/20mA	1		

名　称	型　号	规　格	数　量	编　号	备　注
实验电路			1		
导线			若干		

四、实验内容

实验电路如实验图 8-2 所示。图中，$R_1 = R_3 = R_4 = 510\Omega$，$R_2 = 1\text{k}\Omega$，$R_5 = 330\Omega$，电源 U_{S1} 将恒压源一路的输出电压调到 +12V，U_{S2} 将恒压源另一路的输出电压调到 +6V（均以直流电压表读数为准）。实验前先设定 3 条支路的电流参考方向，如图中的 I_1、I_2、I_3 所示，并熟悉实验电路板结构，掌握各开关的操作使用方法。本实验要求开关 S1、S2 都置向上状态，将恒压源 U_{S1}、U_{S2} 接入电路；将开关 S3 向上投向 R_3 侧电路时为线性电路，若将开关 S3 向下投向二极管 VD 侧电路时为非线性电路。故障选择开关置向下为电路无故障状态。

（1）U_{S1} 电源单独作用（将开关 S1 向上投向 U_{S1} 侧，开关 S2 向下投向 BC 短路侧，开关 S3 向上投向 R_3 侧）时，测量各支路的电流及各元件的电压，参考方向如实验图 8-2 所示，数据记录到实验表 8-2 中。

（2）U_{S2} 电源单独作用（将开关 S1 向下投向 EF 短路侧，开关 S2 向上投向 U_{S2} 侧，开关 S3 向上投向 R_3 侧）时，测量各支路的电流及各元件的电压，参考方向如实验图 8-2 所示，数据记录到实验表 8-2 中。

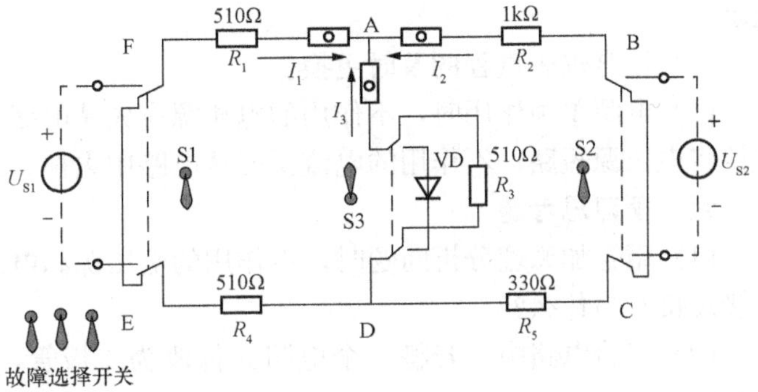

实验图 8-2　叠加定理、齐次定理实验电路

（3）U_{S1} 和 U_{S2} 共同作用（开关 S1 和 S2 分别向上投向 U_{S1} 和 U_{S2} 侧，开关 S3 向上投向 R_3 侧）时，测量各支路的电流及各元件的电压，参考方向如实验图 8-2 所示，数据记录到实验表 8-2 中。

（4）将 U_{S2} 电源电压值调至 +12V 单独作用（将开关 S1 向下投向短路侧，开关 S2 向上投向 U_{S2} 侧，开关 S3 向上投向 R_3 侧）时，测量各支路的电流及各元件的电压，参考方向如实验图 8-2 所示，数据记录到实验表 8-2 中。

实验表 8-2　　　　　　　　　　**线性电路测量数据**

测量项目 实验内容	U_{S1} (V)	U_{S2} (V)	I_1 (mA)	I_2 (mA)	I_3 (mA)	U_{AB} (V)	U_{CD} (V)	U_{AD} (V)	U_{DE} (V)	U_{FA} (V)
U_{S1} 单独作用	12	0								
U_{S2} 单独作用	0	6								
U_{S1}，U_{S2} 共同作用	12	6								
U_{S2} 单独作用	0	12								

（5）将开关 S3 向下投向二极管 VD 侧，即电阻 R_3 换成一只二极管 1N4007，重复实验 1～4 的测量过程，并将测得的数据记入实验表 8 - 3 中。

实验表 8 - 3   非线性电路测量数据

测量项目 实验内容	U_{S1} (V)	U_{S2} (V)	I_1 (mA)	I_2 (mA)	I_3 (mA)	U_{AB} (V)	U_{CD} (V)	U_{AD} (V)	U_{DE} (V)	U_{FA} (V)
U_{S1}单独作用	12	0								
U_{S2}单独作用	0	6								
U_{S1}，U_{S2}共同作用	12	6								
U_{S2}单独作用	0	12								

五、实验注意事项

（1）实验中恒压源 U_{S1} 和 U_{S2} 的电压值，应该用电压表校准。

（2）用电流插头测量各支路电流时，应注意仪表的极性及数据表格中"＋"、"－"号的记录。

（3）注意仪表量程的及时更换。

（4）电源单独作用时，不作用的电压源应先从电路中去掉，然后将该支路短接，而不能直接将电压源短接；不作用的电流源应从电路中去掉，并使该支路开路。

六、预习思考题

（1）用叠加原理分析问题时，不作用的电压源和电流源如何处理？实验中的电压源可否直接短接？为什么？

（2）实验电路中，若将一个电阻元件改为二极管，试问叠加性与齐次性还成立吗？为什么？

（3）根据实验图 8 - 2 实验电路，当 $U_{S1}=U_{S2}=12V$ 时，用叠加原理计算各支路电流和各电阻元件两端电压。

七、实验报告要求

（1）根据实验表 8 - 2 中的实验数据，验证线性电路的叠加性与齐次性，如有误差，解释误差产生的原因。

（2）用实验表 8 - 2 中的实验数据计算各电阻元件所消耗的功率，说明功率能否用叠加定理计算？为什么？通过计算加以说明。

（3）根据实验表 8 - 3 中的实验数据，说明叠加性与齐次性是否适用该实验电路，总结叠加定理和齐性定理的适用范围。

（4）回答预习思考题。

实验九　电压源、电流源及其等效变换的研究

一、实验目的

(1) 掌握电压源和电流源模型的建立方法。

(2) 掌握电压源和电流源外特性的测试方法，加深对电源外特性的理解。

(3) 验证电压源和电流源互相进行等效变换的条件。

二、实验原理与说明

1. 理想电压源和理想电流源

理想电压源具有端电压保持恒定不变，而输出电流的大小由负载决定的特性，其图形符号如实验图9-1（a）所示。其伏安特性（即外特性），即端电压 U 与输出电流 I 的关系 $U = f(I)$ 是一条平行于 I 轴的直线，如实验图9-1（b）所示。

直流理想电流源具有输出电流保持恒定不变，而端电压的大小由负载决定的特性，其图形符号如实验图9-2（a）所示。其伏安特性［即输出电流 I 与端电压 U 的关系 $I = f(U)$］是一条平行于 U 轴的直线，如实验图9-2（b）所示。

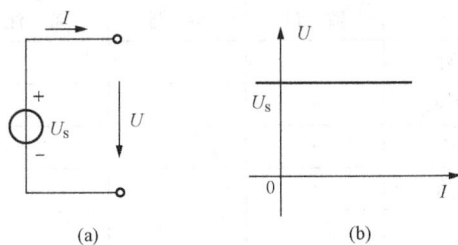

实验图9-1　理想电压源及其伏安特性
(a) 理想电压源；(b) 伏安特性

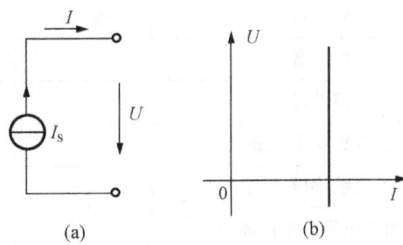

实验图9-2　理想电流源及其伏安特性
(a) 理想电流源；(b) 伏安特性

2. 实际电压源和实际电流源

理想电源在实际中是不存在的，任何电源内部都存在一定的内电阻，通常称为内阻。

实际电压源模型可以用一个理想电压源 U_S 和电阻 R_S 串联表示，如实验图9-3（a）所示；其端电压 U 随输出电流 I 增大而降低，如实验图9-3（b）所示。在实验中，可以用一个小阻值的电阻与电压源相串联来模拟一个实际电压源。

实际电流源模型可以用一个理想电流源 I_S 和电阻 R_S 并联表示，如实验图9-4（a）所示；其输出电流 I 随端电压 U 增大而减小，如实验图9-4（b）所示。在实验中，可以用一个大阻值的电阻与恒流源相并联来模拟一个实际电流源。

3. 实际电压源和实际电流源的等效互换

实际电压源和实际电流源都是通过它们的两个端钮和外电路相联的，它们都可以看成是二端网络，其端钮上的伏安关系分别用 $U = U_S - R_S I$ 和 $I = I_S - G_S U$ 来表示。若它们向同样大小的负载供出同样大小的电流和端电压，则称这两个电源是等效的。两个网络对外电路等效，是指它们具有相同的伏安关系。

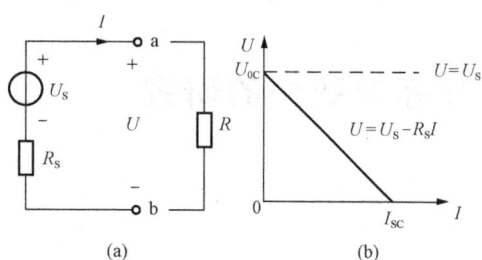

实验图 9 - 3 实际电压源模型及伏安特性
（a）实际电压源模型；（b）伏安特性

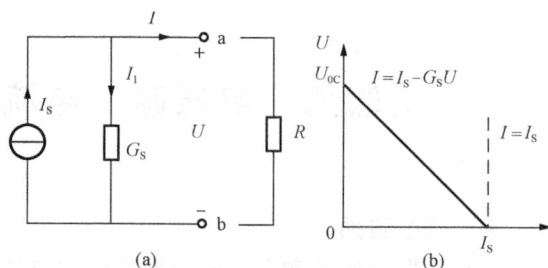

实验图 9 - 4 实际电流源模型及伏安特性
（a）实际电流源模型；（b）伏安特性

实际电压源与实际电流源等效变换的条件为：

（1）实际电压源和实际电流源的内阻均为 R_S。

（2）已知实际电压源的参数为 U_S 和 R_S，则实际电流源的参数为 $I_S = \dfrac{U_S}{R_S}$ 和 R_S，若已知实际电流源的参数为 I_S 和 R_S，则实际电压源的参数为 $U_S = I_S R_S$ 和 R_S。

三、实验设备

实验设备清单见实验表 9 - 1。

实验表 9 - 1 　　　　　　　　　　**实 验 设 备 清 单**

名　称	型　号	规　格	数　量	编　号	备　注
恒压源		0~30V 可调	1		
恒源流		0~500mA 可调	1		
直流数字电压表		3 位半/20V	1		
直流数字电流表		3 位半/20mA	1		
固定电阻、电位器			若干		
导线			若干		

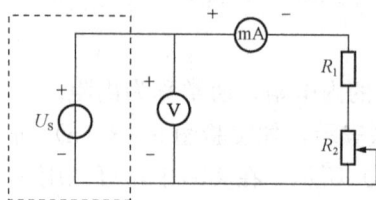

实验图 9 - 5 电压源外
特性测量电路

四、实验内容

1. 测定电压源（恒压源）与实际电压源的外特性

实验电路如实验图 9 - 5 所示，图中的电源 U_S 将恒压源一路的输出电压调到 +6V（以直流电压表读数为准），R_1 为限流电阻，取 200Ω 的固定电阻，R_2 取 1kΩ 的电位器。调节电位器 R_2 的阻值由大至小变化，将电流表、电压表的读数记入实验表 9 - 2 中。

实验表 9 - 2 　　　　　　　　　　**电压源外特性测量数据**

I (mA)	0	6	8	12	14	16	18
U (V)							

将实验图 9 - 5 电路中的电压源改成实际电压源，如实验图 9 - 6 所示。图中 U_S 为恒压源，将其输出电压调节到 +6V（以直流电压表读数为准），内阻 R_S 取 51Ω 的固定电阻，调

节 1kΩ 的电位器 R_2 的阻值由大至小变化，将电流表、电压表的读数记入实验表 9-3 中。

实验表 9-3　　　　　　　实际电压源外特性测量数据

I（mA）	0	6	8	12	14	16	18
U（V）							

2. 测定电流源（恒流源）与实际电流源的外特性

按实验图 9-7 接线，图中 I_S 为恒流源，调节其输出为 5mA（以毫安表测量为准），R_2 取 1kΩ 的电位器，在 R_S 分别为 ∞（即开路状态）和 1kΩ 两种情况下，调节电位器 R_2 的阻值由大至小变化，将电流表、电压表的读数记入实验表 9-4 和实验表 9-5 中。

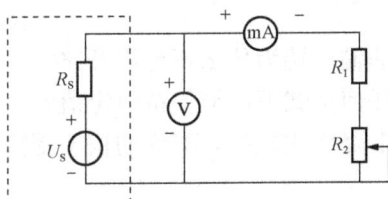

实验图 9-6　实际电压源外
特性测量电路

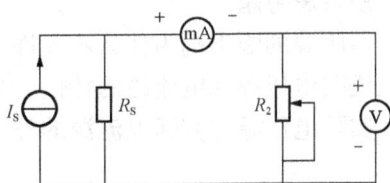

实验图 9-7　实际电流源外
特性测量电路

实验表 9-4　　　　　　　电流源（R_S=∞）外特性测量数据

U（V）	0	0.5	1.0	1.5	2.0	3.0	4.0
I（mA）							

实验表 9-5　　　　　　　实际电流源（R_S=1kΩ）外特性测量数据

U（V）	0	0.4	0.8	1.2	1.6	2.0	2.4
I（mA）							

3. 研究电源等效变换的条件

按实验图 9-8 所示电路接线，其中实验图 9-8（a）、（b）中的内阻 R_S 均为 510Ω/8W，负载电阻 R 均取 1kΩ 的固定电阻。在实验图 9-8（a）电路中，电源 U_S 用恒压源，输出调到 +6V（以直流电压表读数为准），记录电流表、电压表的读数。然后按

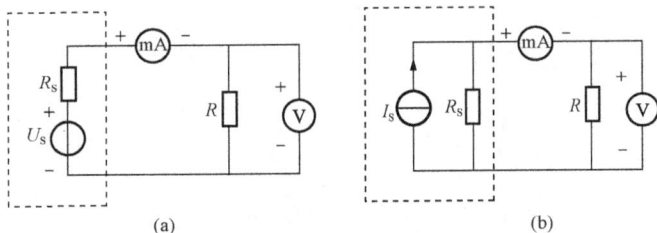

实验图 9-8　电压源电流源等效变换测量电路
(a) 电压源测量电路；(b) 电流源测量电路

实验图 9-8（b）所示用恒流源调出电路中 I_S，令电流表、电压表的读数与实验图 9-8 (a) 的读数相等，记录 I_S 的值，将实验数据记入实验表 9-6 中，验证等效变换条件的正确性。

实验表 9 - 6　　　　　　　　　　　　　**电源等效变换测量数据**

	U(V)	I(mA)	U_S(V)	I_S(mA)	I_S 计算值(mA)
电压源			6		
等效电流源					

五、实验注意事项

（1）在测电压源外特性时，不要忘记测空载（$I=0$）时的电压值；测电流源外特性时，不要忘记测短路（$U=0$）时的电流值，注意恒流源负载电压不可超过 10V。

（2）注意恒压源、恒流源和电位器的正确使用。

（3）用直流电压表和直流电流表时应注意仪表量程，不要超量程。

六、预习思考题

（1）恒压源的输出端为什么不允许短路？电流源的输出端为什么不允许开路？

（2）说明电压源和电流源的特性，其输出是否在任何负载下都能保持恒定值？

（3）实际电压源与实际电流源的外特性为什么呈下降变化趋势，下降的快慢受哪个参数影响？

（4）实际电压源与实际电流源等效变换的条件是什么？所谓"等效"是对哪部分电路而言的？电压源与电流源能否等效变换？

七、实验报告要求

（1）根据实验测量数据绘出电源的 4 条外特性，并总结、归纳两类电源的特性。

（2）从实验结果，验证电源等效变换的条件。

（3）回答预习思考题。

实验十　戴维南定理与诺顿定理验证

一、实验目的

（1）验证戴维南定理、诺顿定理的正确性，加深对该定理的理解。

（2）掌握线性有源二端网络等效参数测量的一般方法。

二、实验原理与说明

1. 戴维南定理和诺顿定理

戴维南定理指出：任何一个线性有源二端网络，可以用一个电压源 U_S 和一个电阻 R_S 串联组合等效置换，此电压源 U_S 等于这个线性有源二端网络的开路电压 U_{OC}，内阻 R_S 等于该网络中所有独立电源均置零（即电压源位置用短路代替，电流源位置用开路代替）后的等效电阻 R_0。

诺顿定理指出：任何一个线性有源二端网络，总可以用一个电流源 I_S 和一个电阻 R_S 并联的组合等效置换，其中，电流源 I_S 等于这个线性有源二端网络的短路电流 I_{SC}，内阻 R_S 等于该网络中所有独立电源均置零（即电压源位置用短路代替，电流源位置用开路代替）后的等效电阻 R_0。

其中 U_S、R_S 和 I_S、R_S 称为线性有源二端网络的等效参数。戴维南定理和诺顿定理电路如实验图 10 - 1 所示。

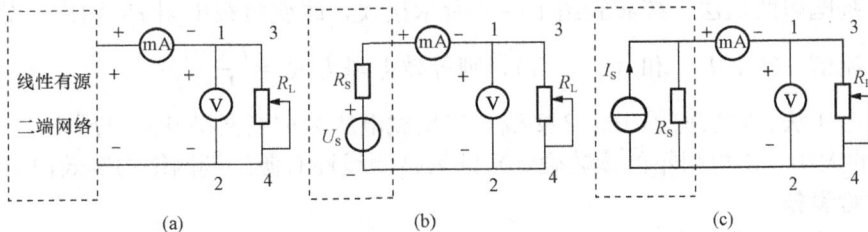

实验图 10 - 1　戴维南定理和诺顿定理电路

（a）线性有源二端网络；（b）戴维南定理；（c）诺顿定理

2. 线性有源二端网络等效参数的测量方法

开路电压 U_{OC} 的测量方法如下。

（1）直测法。用高内阻直流电压表直接测量线性有源二端网络端口的电压 U_{OC}。但在等效电阻较大的情况下用电压表直接测量会造成较大的误差。

（2）负载电阻两值法。按实验图 10 - 2 接线，改变负载电阻 R_L 两次，分别测得两组电压、电流值 $(U_1，I_1)$ 和 $(U_2，I_2)$，则开路电压为 $U_{OC} = \dfrac{U_1 I_2 - U_2 I_1}{I_2 - I_1}$。

（3）零示法。零示法测开路电压的电路如实验图 10 - 3 所示。其测量原理是用一低内阻的电压源与被测线性有源二端网络进行比较。当电压源的输出电压与线性有源二端网络的开路电压相等时，电压表的读数将为"0"，然后将电路断开，测量此时电压源的输出电压 U，即为被测线性有源二端网络的开路电压。在测量具有高内阻线性有源二端网络的开路电压时，往往采用零示法。

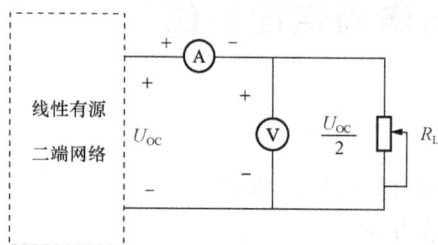

实验图 10 - 2　负载电阻两值法

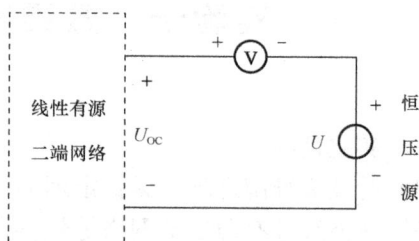

实验图 10 - 3　零示法测开路电压

等效电阻 R_0 的测量方法如下。

（1）直测法。将线性有源二端网络中所有独立电源均置零（即电压源位置用短路代替，电流源位置用开路代替），然后用万用表欧姆挡直接测量出电阻网络的等效电阻 R_0。若线性有源二端网络的内部电路结构未知则不能用此法。

（2）开路短路法。分别测量线性有源二端网络输出端的开路电压 U_{OC} 和短路电流 I_{SC}，则等效电阻为 $R_S = \dfrac{U_{OC}}{I_{SC}}$。若线性有源二端网络的内阻值很低时，则不宜测其短路电流。

（3）伏安法。将线性有源二端网络中所有独立电源均置零（即电压源位置用短路代替，电流源位置用开路代替），在此时的无源二端网络端口外接电压源，分别测出端口电压 U 和电流 I，则 $R_0 = \dfrac{U}{I}$。

（4）负载电阻两值法。按实验图 10 - 2 所示接线，改变负载电阻 R_L 两次，分别测得两组电压、电流值（U_1，I_1）和（U_2，I_2），则等效电阻为 $R_0 = \dfrac{U_1 - U_2}{I_2 - I_1}$。

（5）半电压法。按实验图 10 - 2 接线，当负载电压为被测网络开路电压 U_{OC} 一半时，负载电阻 R_L 的大小（由电阻箱的读数确定）即为被测线性有源二端网络的等效内阻 R_S 数值。

三、实验设备

实验设备清单见实验表 10 - 1。

实验表 10 - 1　　　　　　　　　　**实 验 设 备 清 单**

名　称	型　号	规　格	数　量	编　号	备　注
恒压源		0～30V 可调	1		
恒源流		0～500mA 可调	1		
直流数字电压表		3 位半/20V	1		
直流数字电流表		3 位半/20mA	1		
固定电阻、电位器			若干		
导线			若干		

四、实验内容

1. 有源二端网络的等效参数的测量

（1）开路短路法测量等效参数。实验图 10 - 4 所示电路外接电压源 $U_S = 12V$ 和恒流源

$I_S=10\text{mA}$。先断开 R_L 将开关 S1 向上，测开路电压 U_{OC}，再将开关 S1 向下使 AB 短接测短路电流 I_{SC}，计算出 $R_0=U_{OC}/I_{SC}$，填入实验表 10 - 2 中。

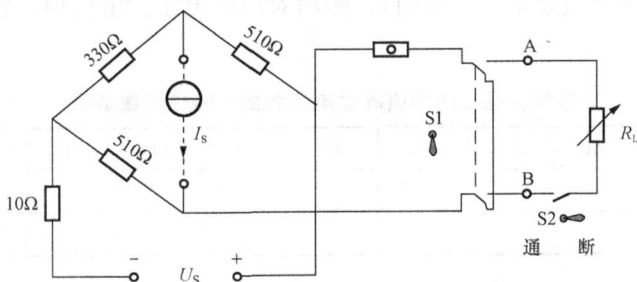

实验图 10 - 4　线性有源二端网络实验电路

实验表 10 - 2　　　　　　开路短路法测量等效参数的测量数据

U_{OC}（V）	I_{SC}（mA）	$R_0=U_{OC}/I_{SC}$（Ω）

（2）直测法测量等效电阻。将被测线性有源二端网络内的所有独立源置零（将电流源 I_S 拆掉两端直接开路，电压源 U_S 拆掉将其两端短接），然后直接用万用表的欧姆挡去测定负载未接入 A、B 两点时原网络的电阻大小，即为等效电阻 R_0 的阻值，$R_0=$　　　（Ω）。

（3）用半电压法和零示法测量线性有源二端网络的等效参数。

1）半电压法：在实验图 10 - 4 电路中，首先断开负载电阻 R_L，测量线性有源二端网络的开路电压 U_{OC}，然后从 AB 点外接负载电阻箱 R_L，调整电阻箱的阻值，使电阻箱两端电压等于 $U_{OC}/2$ 时停止调节，此时读出电阻箱的阻值 R_L 的大小即为等效电源的内阻 R_0 的阻值。将 R_0 值记录到实验表 10 - 3 中。

2）零示法测开路电压 U_{OC}：实验电路如实验图 10 - 2 所示，其中，线性有源二端网络参数如实验图 10 - 4 所示。由恒压电源调整输出电压 U，观察电压表数值，当电压表指示为零时恒压源输出电压 U 的数值即为线性有源二端网络的开路电压 U_{OC}，将 U_{OC} 值记录到实验表 10 - 3 中。

实验表 10 - 3　　　电压法和零示法测量数据

R_0（Ω）	U_{OC}（V）

2. 测量线性有源二端网络的伏安特性

在实验图 10 - 4 所示电路 AB 端外接电阻箱 R_L，改变负载电阻 R_L 的阻值如实验表 10 - 4 所示，测出对应的电压、电流值，将测量数据记入实验表 10 - 4 中。

实验表 10 - 4　　　　　　线性有源二端网络的伏安特性测量数据

R_L（Ω）	0	100	200	300	400	500	600	700	800	900	∞
U（V）											
I（mA）											

3. 验证戴维南定理

实验图 10 - 1（b）所示电路是图 10 - 1（a）的戴维南定理等效电路，图中的 U_S 用电压源准确调整到实验表 10 - 2 中的 U_{OC}（以电压表指示为准）的数值，等效电阻 R_S 用十进制电阻箱按实验表 10 - 2 中计算出来的 R_0（精确到个位）准确调出。然后，用电阻箱改变负载电阻 R_L 的阻值（见实验表 10 - 5 所列），测出对应的电压、电流值，将测量数据记入实验表 10 - 5 中。

实验表 10 - 5　　　　　　**线性有源二端网络等效电压源的外特性测量数据**

R_L（Ω）	0	100	200	300	400	500	600	700	800	900	∞
U（V）											
I（mA）											

4. 验证诺顿定理

实验图 10 - 1（c）所示电路是图 10 - 1（a）的等效电流源电路，图中电流源 I_S 用恒流源准确调整到实验表 10 - 2 中的 I_{SC}（以电流表指示为准）的数值，等效电阻 R_S 用十进制电阻箱按实验表 10 - 2 中计算出来的 R_0（精确到个位）准确调出。然后，改变负载电阻箱 R_L 的阻值（见实验表 10 - 6 所列），测出对应的电压、电流值，将测量数据记入实验表 10 - 6 中。

实验表 10 - 6　　　　　　**线性有源二端网络等效电流源的外特性测量数据**

R_L（Ω）	0	100	200	300	400	500	600	700	800	900	∞
U（V）											
I（mA）											

五、实验注意事项

（1）测量时，注意电流表量程的更换。

（2）改接线路时，要先拆测量仪表再拆其他线路，否则仪表可因超量程而鸣叫报警。

六、预习思考题

（1）如何测量线性有源二端网络的开路电压和短路电流，在什么情况下不能直接测量开路电压和短路电流？

（2）说明测量线性有源二端网络开路电压及等效内阻的几种方法，并比较其优缺点。

七、实验报告要求

（1）根据实验表 10 - 2 的测量数据，计算线性有源二端网络的等效电阻 R_0，确定线性有源二端网络的等效参数。

（2）根据实验表 10 - 4 和实验表 10 - 5 的测量数据，在同一坐标纸上绘出线性有源二端网络和等效电路的伏安特性曲线，验证戴维南定理的正确性，分析产生误差的原因，说明戴维南定理的应用场合。

（3）根据实验表 10 - 4 和实验表 10 - 6 的测量数据，在同一坐标纸上绘出线性有源二端网络和等效电路的伏安特性曲线，验证诺顿定理的正确性，分析产生误差的原因，说明诺顿定理的应用场合。

（4）回答预习思考题。

实验十一　最大功率传输条件的研究

一、实验目的

(1) 理解阻抗匹配，掌握最大功率传输的条件。

(2) 掌握根据电源外特性设计实际电源模型的方法。

二、实验原理与说明

根据戴维南定理，任何线性有源二端网络均可用实验图 11 - 1 所示的电路等效。在电源向负载供电的电路中，电源的电压 U_{OC} 及其内电源电阻 R_0 一般是不变的，负载电阻 R_L 则根据实际需要而变化。负载电阻的不同，从电源传输给负载的功率也不同。实验图 11 - 1 所示电路的负载电阻 R_L 吸收的功率 $P_L = I^2 R_L = \left(\dfrac{U_{OC}}{R_0 + R_L}\right)^2 R_L$，可见，负载得到的功率大小只与负载电阻 R_L 有关。

令 $\dfrac{\mathrm{d}P_L}{\mathrm{d}R_L} = 0$，解得 $R_L = R_0$ 时，负载得到最大功率 $P_L = P_{Lmax} = \dfrac{U_{OC}^2}{4R_0}$。

当 $R_L = R_0$ 时称为阻抗匹配，此时，负载可以得到最大功率，电路的这种工作状态叫做"匹配"。也就是说，最大功率传输的条件是供电电路必须满足阻抗匹配。

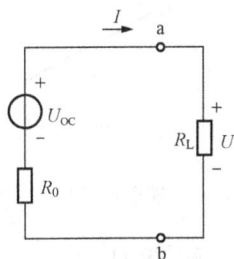

实验图 11 - 1　等效传输电路

通常将负载吸收的功率与电源产生的功率之比（用百分数表示）称为传输效率，用符号 η 表示，即 $\eta = \dfrac{UI}{U_{OC}I} \times 100\%$。负载得到最大功率时 $R_L = R_0$，电路的传输效率为 $\eta = \dfrac{P_{max}}{U_{OC}I} \times 100\% = 50\%$。

电源向负载输送功率时，一部分功率为电源的内阻消耗，剩余部分是负载消耗的。在电力系统中，由于输送的功率很大，必须将减少功率损耗、提高传输效率作为主要问题来考虑，因此电力系统不能在匹配状态下工作。但在自动控制和通信技术中，由于信号本身的功率较小（只有几瓦或几百毫瓦），因此将传输效率视为次要问题，而将负载获得的最大功率作为主要问题。在这种情况下，应设法使系统达到匹配状态。

三、实验设备

实验设备清单见实验表 11 - 1。

实验表 11 - 1　　　　　　　　　　　**实 验 设 备 清 单**

名　　称	型　　号	规　　格	数量	编　号	备　注
恒压源		0～30V 可调	1		
恒源流		0～500mA 可调	1		
直流数字电压表		3 位半/20V	1		
直流数字电流表		3 位半/20mA	1		
固定电阻、电位器			若干		
导线			若干		

四、实验内容

1. 根据电源外特性曲线设计一个实际电压源模型

已知电源外特性曲线如实验图 11 - 2 所示，根据图中给出的开路电压和短路电流数值，计算实际电压源模型中的电压源 U_S 和内阻 R_S。实验中，电压源 U_S 选用恒压源的可调稳压输出端，内阻 R_S 选用固定电阻。

2. 测电路的传输功率

用上述参数设计的实际电压源与负载电阻 R_L 相连，电路如实验图 11 - 3 所示，图中 R_L 选用电阻箱，从 0～600Ω 改变负载电阻 R_L 的数值，测量对应的电压、电流，将测量数据记入实验表 11 - 2 中。

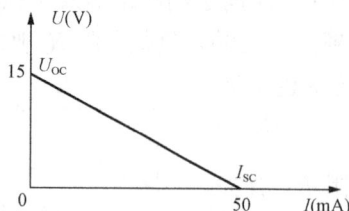

实验图 11 - 2　电源外特性曲线　　　　　　实验图 11 - 3　电路的传输功率测量电路

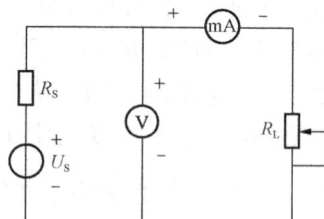

实验表 11 - 2　　　　　　　　　　电路传输功率测量数据

R_L (Ω)	0	100	200	300	400	500	600
U (V)							
I (mA)							
P_L (mW)							
η (%)							

五、实验注意事项

电源用恒压源的输出，其输出电压根据计算的电压源 U_S 数值进行调整，防止电源短路。

六、预习思考题

（1）什么是阻抗匹配？电路传输最大功率的条件是什么？

（2）电路传输的功率和效率如何计算？

（3）根据实验图 11 - 2 给出的电源外特性曲线，计算出实际电压源模型中的电压源 U_S 和内阻 R_S，作为实验电路中的电源。

（4）电压表、电流表前后位置对换，对电压表、电流表的读数有无影响？为什么？

七、实验报告要求

（1）回答预习思考题。

（2）根据实验表 11 - 2 的实验测量数据，计算出对应的负载功率 P_L，并画出负载功率 P_L 随负载电阻 R_L 变化的曲线，找出传输最大功率的条件。

（3）根据实验表 11 - 2 的实验测量数据，计算出对应的效率 η，指明：①传输最大功率时的效率；②什么时候出现最大效率？由此说明电路在什么情况下，传输最大功率才比较适合。

实验十二 受控源研究

一、实验目的

(1) 加深对受控源工作特性的理解。

(2) 熟悉由运算放大器组成受控源电路的分析方法,了解运算放大器的应用。

(3) 掌握受控源特性的测量方法。

二、实验原理与说明

1. 受控源

受控源向外电路提供的电压或电流受其他支路的电压或电流控制,因而受控源是双口元件:一个为控制端口,或称输入端口,输入控制量(电压或电流);另一个为受控端口或称输出端口,向外电路提供电压或电流。受控端口的电压或电流,被控制端口的电压或电流控制。根据控制变量与受控变量的不同组合,受控源可分为四类。

(1) 电压控制电压源(VCVS),如实验图 12-1(a)所示,其特性为

$$u_2 = \mu u_1$$

其中,$\mu = \dfrac{u_2}{u_1}$ 称为转移电压比(即电压放大倍数)。

(2) 电压控制电流源(VCCS),如实验图 12-1(b)所示,其特性为

$$i_2 = gu_1$$

其中,$g = \dfrac{i_2}{u_1}$ 称为转移电导。

(3) 电流控制电压源(CCVS),如实验图 12-1(c)所示,其特性为

$$u_2 = ri_1$$

其中,$r = \dfrac{u_2}{i_1}$ 称为转移电阻。

(4) 电流控制电流源(CCCS),如实验图 12-1(d)所示,其特性为

$$i_2 = \beta i_1$$

其中,$\beta = \dfrac{i_2}{i_1}$ 称为转移电流比(即电流放大倍数)。

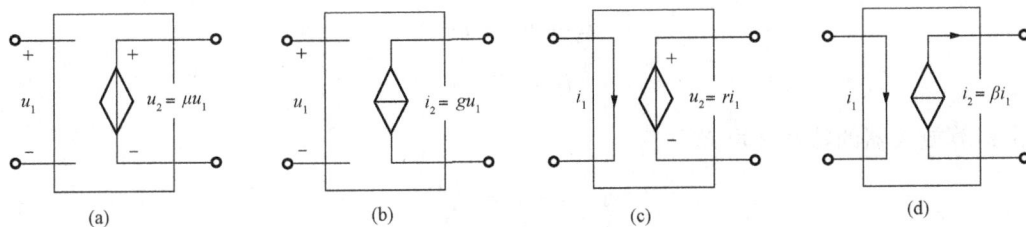

实验图 12-1 四种受控源电路符号

(a) 电压控制电压源;(b) 电压控制电流源;(c) 电流控制电压源;(d) 电流控制电流源

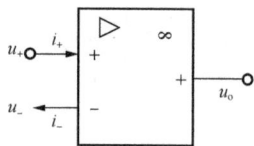

实验图 12 - 2　运算
放大器

2. 用运算放大器组成的受控源

运算放大器的电路符号如实验图 12 - 2 所示，具有两个输入端（同相输入端 u_+ 和反相输入端 u_-），一个输出端 u_o，放大倍数为 A，则 $u_o = A(u_+ - u_-)$。

对于理想运算放大器，放大倍数 A 为 ∞，输入电阻为 ∞，输出电阻为 0，由此可得出两个特性：①特性 1：$u_+ = u_-$；②特性 2：$i_+ = i_-$。

（1）电压控制电压源（VCVS）。电压控制电压源电路如实验图 12 - 3 所示。

由运算放大器的特性 1 可知

$$u_+ = u_- = u_1$$

则

$$i_{R1} = \frac{u_1}{R_1}; \quad i_{R2} = \frac{u_2 - u_1}{R_2}$$

由运算放大器的特性 2 可知

$$i_{R1} = i_{R2}$$

代入 i_{R1}、i_{R2}，得

$$u_2 = \left(1 + \frac{R_2}{R_1}\right)u_1$$

可见，运算放大器的输出电压 u_2 受输入电压 u_1 控制，其电路模型如实验图 12 - 1（a）所示，转移电压比

$$\mu = \left(1 + \frac{R_2}{R_1}\right)$$

（2）电压控制电流源（VCCS）。电压控制电流源电路如实验图 12 - 4 所示。

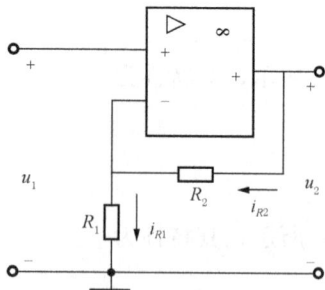

实验图 12 - 3　电压控制电压源电路

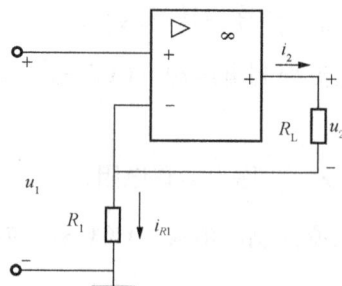

实验图 12 - 4　电压控制电流源电路

由运算放大器的特性 1 可知

$$u_+ = u_- = u_1$$

则

$$i_R = \frac{u_1}{R_1}$$

由运算放大器的特性 2 可知

$$i_2 = i_{R1} = \frac{u_1}{R_1}$$

即 i_2 只受输入电压 u_1 控制，与负载 R_L 无关（实际上要求 R_L 为有限值）。其电路模型如实验图 12 - 1（b）所示。

转移电导为

$$g = \frac{i_2}{u_1} = \frac{1}{R_1}$$

（3）电流控制电压源（CCVS）。电流控制电压源电路如实验图 12 - 5 所示。

由运算放大器的特性 1 可知

$$u_- = u_+ = 0 \quad u_2 = Ri_R$$

由运算放大器的特性 2 可知

$$i_R = i_1$$

代入上式，得

$$u_2 = Ri_1$$

即输出电压 u_2 受输入电流 i_1 的控制。其电路模型如实验图 12 - 1（c）所示。

转移电阻为

$$r = \frac{u_2}{i_1} = R$$

（4）电流控制电流源（CCCS）。电流控制电流源电路如实验图 12 - 6 所示。

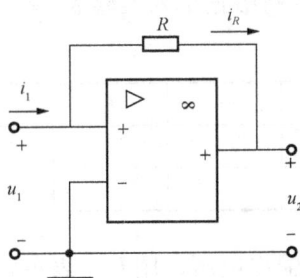

实验图 12 - 5　电流控制电压源电路　　　　实验图 12 - 6　电流控制电流源电路

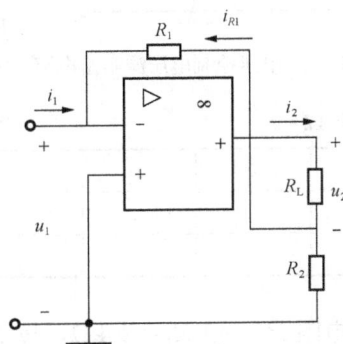

由运算放大器的特性 1 可知

$$u_- = u_+ = 0$$

R_1 和 R_2 相当于并联，所以

$$i_{R1} = \frac{R_2}{R_1 + R_2} i_2$$

由运算放大器的特性 2 可知

$$i_{R1} = -i_1$$

代入上式，得

$$i_2 = -\left(1 + \frac{R_1}{R_2}\right) i_1$$

即输出电流 i_2 只受输入电流 i_1 的控制，与负载 R_L 无关。它的电路模型如实验图 12 - 1（d）所示。转移电流比为

$$\beta = \frac{i_2}{i_1} = -\left(1 + \frac{R_1}{R_2}\right)$$

三、实验设备
实验设备清单见实验表 12 - 1。

实验表 12 - 1   **实 验 设 备 清 单**

名 称	型 号	规 格	数 量	编 号	备 注
恒压源		0～30V 可调	1		
恒流源		0～500mA 可调	1		
直流数字电压表		20V/3 位半	1		
直流数字电流表		20mA/3 位半	1		
受控源组件			4		

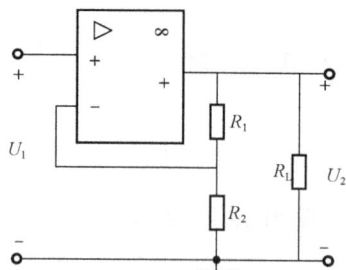

实验图 12 - 7 电压控制电压源实验电路

四、实验内容

1. 测试电压控制电压源（VCVS）特性

实验电路如实验图 12 - 7 所示。图中，U_1 用恒压源的可调电压输出端，$R_1 = R_2 = 10\text{k}\Omega$，$R_\text{L} = 2\text{k}\Omega$（用电阻箱）。

（1）测试 VCVS 的转移特性 $U_2 = f(U_1)$。调节恒压源输出电压 U_1（以电压表读数为准），用电压表测量对应的输出电压 U_2，将数据记入实验表 12 - 2 中。

实验表 12 - 2   **VCVS 的 转 移 特 性 数 据**

U_1 (V)	0	1	2	3	4	5	6	7	8
U_2 (V)									
U'_2 (V)									

改变电阻 R_1，使 $R_1 = 20\text{k}\Omega$，按上述方法测量对应的输出电压，用 U'_2 表示，并将数据记入实验表 12 - 2 中。

（2）测试 VCVS 的负载特性 $U_2 = f(R_\text{L})$。保持 $U_1 = 2\text{V}$，负载电阻 R_L 用电阻箱，并调节其大小，用电压表测量对应的输出电压 U_2，将数据记入实验表 12 - 3 中。

实验表 12 - 3   **VCVS 的 负 载 特 性 数 据**

R_L (Ω)	50	70	100	200	300	400	500	1000	2000
U_2 (V)									

2. 测试电压控制电流源（VCCS）特性

实验电路如实验图 12 - 8 所示。图中，U_1 用恒压源的可调电压输出端，$R_1 = 10\text{k}\Omega$，$R_\text{L} = 2\text{k}\Omega$（用电阻箱）。

（1）测试 VCCS 的转移特性 $I_2 = f(U_1)$。调节恒压源输出电压 U_1（以电压表读数为准），用电流表测量对应的输出电流 I_2，将数据记入实验表 12 - 4 中。

（2）测试 VCCS 的负载特性 $I_2 = f(R_\text{L})$。保持 $U_1 = 2\text{V}$，负载电阻 R_L 用电阻箱，并调节其大小，用电流表测量对应的输出电流 I_2，将数据记入实验表 12 - 5 中。

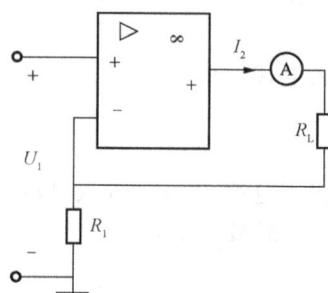

实验图 12 - 8 电压控制
电流源实验电路

实验表 12 - 4 VCCS 的转移特性数据

U_1 (V)	0	0.5	1	1.5	2	2.5	3	3.5	4
I_2 (mA)									

实验表 12 - 5 VCCS 的负载特性数据

R_L (kΩ)	50	20	10	5	3	1	0.5	0.2	0.1
I_2 (mA)									

3. 测试电流控制电压源（CCVS）特性

实验电路如实验图 12 - 9 所示。图中，I_1 用恒流源，$R_1 = 10$kΩ，$R_L = 2$kΩ（用电阻箱）。

(1) 测试 CCVS 的转移特性 $U_2 = f(I_1)$。调节恒流源输出电流 I_1（以电流表读数为准），用电压表测量对应的输出电压 U_2，将数据记入实验表 12 - 6 中。

(2) 测试 CCVS 的负载特性 $U_2 = f(R_L)$。保持 $I_1 = 0.2$mA，负载电阻 R_L 用电阻箱，并调节其大小，用电压表测量对应的输出电压 U_2，将数据记入实验表 12 - 7 中。

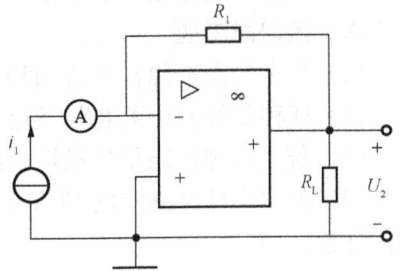

实验图 12 - 9 电流控制电压源实验电路

实验表 12 - 6 CCVS 的转移特性数据

I_1 (mA)	0	0.05	0.1	0.15	0.2	0.25	0.3	0.4
U_2 (V)								

实验表 12 - 7 CCVS 的负载特性数据

R_L (Ω)	50	100	150	200	500	1k	2k	10k	80k
U_2 (V)									

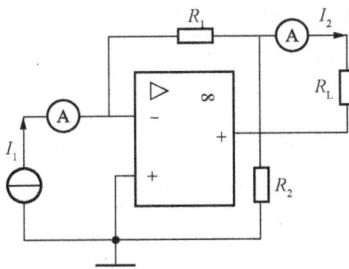

实验图 12 - 10 电流控制电流源实验电路

4. 测试电流控制电流源（CCCS）特性

实验电路如实验图 12 - 10 所示。图中，I_1 用恒流源，$R_1 = R_2 = 10$kΩ，$R_L = 2$kΩ（用电阻箱）。

(1) 测试 CCCS 的转移特性 $I_2 = f(I_1)$。调节恒流源输出电流 I_1（以电流表读数为准），用电流表测量对应的输出电流 I_2，I_1、I_2 分别用电流插座测量，将数据记入实验表 12 - 8 中。

实验表 12 - 8 CCCS 的转移特性数据

I_1 (mA)	0	0.05	0.1	0.15	0.2	0.25	0.3	0.4
I_2 (mA)								

(2) 测试 CCCS 的负载特性 $I_2 = f(R_L)$。保持 $I_1 = 0.2$mA，负载电阻 R_L 用电阻箱，并调节其大小，用电流表测量对应的输出电流 I_2，将数据记入实验表 12 - 9 中。

实验表 12 - 9   CCCS 的 负 载 特 性 数 据

R_L （Ω）	50	100	150	200	500	1k	2k	10k	80k
I_2 （mA）									

五、实验注意事项

（1）用恒流源供电的实验电路中不允许恒流源开路。

（2）运算放大器输出端不能与地短路，输入端电压不宜过高（小于 5V）。

（3）受控源电路输出功率很小，输出电流、电压应较小。

六、预习思考题

（1）什么是受控源？了解四种受控源的缩写、电路模型、控制量与输出量的关系。

（2）四种受控源中的转移参量 μ、g、r 和 β 的意义是什么？如何测得？

（3）若受控源控制量的极性反向，其输出极性是否发生变化？

（4）如何由两个基本的 CCVS 和 VCCS 获得其他两个 CCCS 和 VCVS，它们的输入输出如何连接？

（5）了解运算放大器的特性，分析四种受控源实验电路的输入、输出关系。

七、实验报告要求

（1）根据实验数据，在方格纸上分别绘出四种受控源的转移特性和负载特性曲线，并求出相应的转移参量 μ、g、r 和 β。

（2）参考实验表 12 - 2 数据，说明转移参量 μ、g、r 和 β 受电路中哪些参数的影响？如何改变它们的大小？

（3）回答预习思考题中的题（3）、（4）。

（4）对实验的结果作出合理地分析和结论，总结对四种受控源的认识和理解。

实验十三　直流无源二端口网络的研究

一、实验目的

（1）加深对二端口网络的基本理论的理解。

（2）学习直流无源二端口网络传输参数的测量方法。

（3）验证二端口网络等效电路的等效性。

二、实验原理与说明

1. 二端口网络

当一个网络有 4 个引出端时，称为四端口网络。四端口网络中的 4 个电流可以是独立的，因此四端口网络不一定构成二端口网络。在任何瞬间，每一个端口两个端钮的电流量值相等，并且电流从一个端钮流入而从另一个端钮流出，这称为端口条件。四端口网络只有满足端口条件时才称为二端口网络（双口网络）。

任一无源二端口网络（见实验图 13 - 1）的外特性都可通过其两个端口（即输入和输出）处的电压 U_1、U_2 与电流 I_1、I_2 之间的相互关系来表征。U_1、U_2 和 I_1、I_2 这 4 个变量中，可以取 2 个作为自变量，另外两个作为因变量，通过不同组合可以得到六种网络参数，常用的有导纳参数 Y、阻抗参数 Z、传输参数 T 和混合参数 H。

实验图 13 - 1　无源线性二端口网络

工程中常需求出二端口网络输入端口电压 U_1、电流 I_1 与输出端口电压 U_2、电流 I_2 之间的关系，所得到的方程称为二端口网络的传输方程（或称 T 参数方程），如实验图 13 - 1 所示的无源线性二端口网络的传输参数方程为

$$\begin{cases} U_1 = AU_2 + B(-I_2) \\ I_1 = CU_2 + D(-I_2) \end{cases}$$

式中　A、B、C、D——二端口网络传输参数或 T 参数，它仅由网络的拓扑结构及元件的参数所决定，而与外加激励无关，这 4 个参数表征了该二端口网络的基本特性。

上面是以直流电路为例介绍的，交流电路中的电压、电流变量采用相量形式即可。

2. 直流二端口网络传输参数的测试方法

二端口网络的各种参数都可以按参数的定义式进行测量得出，但是考虑到测量的方便和可行性，工程上通常采用先测出网络的传输参数，再根据参数之间的相互转换关系求出其他参数，但对于一个二端口网络并不一定同时存在所有参数。

（1）双端口同时测量法。如实验图 13 - 1 所示在网络的输入口 1 - 1′加上直流电压，输出端口 2 - 2′开路和短路，在两个端口同时测量其电压和电流，即可由传输方程求得传输参数 A、B、C、D。

$A=\dfrac{U_{10}}{U_{20}}$，为输出端口 2 - 2' 开路（即 $I_2=0$）时两端口电压之比，称为转移电压比。

$B=\dfrac{U_{1S}}{-I_{2S}}$，为输出端口 2 - 2' 短路（即 $U_2=0$）时的转移电阻。

$C=\dfrac{I_{10}}{U_{20}}$，为输出端口 2 - 2' 开路（即 $I_2=0$）时的转移电导。

$D=\dfrac{I_{1S}}{-I_{2S}}$，为输出端口 2 - 2' 短路（即 $U_2=0$）时两端口电流之比，称为转移电流比。

（2）双端口分别测量法。如实验图 13 - 1 所示先在网络的输入口 1 - 1' 加上直流电压，而将输出端口 2 - 2' 开路和短路，测量输入口的电压和电流，即可求得以下参数。

$R_{10}=\dfrac{U_{10}}{I_{10}}$，为输出端口 2 - 2' 开路（即 $I_2=0$）时 1 - 1' 端口的等效输入电阻。

$R_{1S}=\dfrac{U_{1S}}{I_{1S}}$，为输出端口 2 - 2' 短路（即 $U_2=0$）时 1 - 1' 端口的等效输入电阻。

然后在输出口 2 - 2' 加直流电压，而将输入端口 1 - 1' 开路和短路，测量输出口的电压和电流，即可求得以下参数。

$R_{20}=\dfrac{U_{20}}{I_{20}}$，为输入端口 1 - 1' 开路（即 $I_1=0$）时 2 - 2' 端口的等效输入电阻。

$R_{2S}=\dfrac{U_{2S}}{I_{2S}}$，为输入端口 1 - 1' 短路（即 $U_1=0$）时 2 - 2' 端口的等效输入电阻。

由传输参数与阻抗参数和导纳参数的关系可知：$R_{10}=\dfrac{A}{C}$，$R_{1S}=\dfrac{B}{D}$，$R_{20}=\dfrac{D}{C}$，$R_{2S}=\dfrac{B}{A}$。R_{10}，R_{1S}，R_{20}，R_{2S} 这 4 个参数中有 3 个是独立的，只要测量出其中任意 3 个参数（如 R_{10}，R_{20}，R_{2S}）与方程 $AD-BC=1$（二端口网络为互易双口，该方程成立）联立，便可求出 4 个传输参数 A、B、C、D。

$$A=\sqrt{R_{10}/(R_{20}-R_{2S})}，\quad B=R_{2S}A，\quad C=A/R_{10}，\quad D=R_{20}C。$$

3. 二端口网络的 Ⅱ 型等效电路和 T 型等效电路

互易二端口网络满足 $AD-BC=1$ 的关系，所以其 4 个参数中只有 3 个是独立的，其外特性可用 3 个参数表征。若由 3 个阻抗（或导纳）组成的简单的二端口网络，其参数与给定的互易二端口网络参数分别相等，则它们是等效的，得到的等效电路有 Ⅱ 型等效电路（即三角形网络）和 T 型等效型电路（即星形网络）两种形式。

如实验图 13 - 2 所示的 Ⅱ 型等效电路，如果测出（或给定）二端口网络的传输参数，则 $G_1=\dfrac{D-1}{B}$，$G_2=\dfrac{A-1}{B}$，$G_3=\dfrac{1}{B}$。

如实验图 13 - 3 所示的 T 型等效电路，如果测出（或给定）二端口网络的传输参数，则 $R_1=\dfrac{A-1}{C}$，$R_2=\dfrac{D-1}{C}$，$R_3=\dfrac{1}{C}$。

若为交流电路，则等效电路由阻抗元件组成。

4. 二端口网络的级联

工程上常将几个二端口网络互联之后使用，两个二端口网络的级联是常见的一种双口互联方式。两个二端口网络级联时，应将一个二端口网络的输出端与另一个二端口网络的输入端连接，其中每个二端口网络的传输参数可用上述方法测得。根据二端口网络理论可推得：二端口网络 1 与二端口网络 2 级联后等效的二端口网络的传输参数 T 与网络 1 的传输参数 T_1 和网络 2 的传输参数 T_2 之间有如下的关系

$$A = A_1A_2 + B_1C_2; \quad B = A_1B_2 + B_1D_2;$$
$$C = C_1A_2 - D_1C_2; \quad D = C_1B_2 + D_1D_2$$

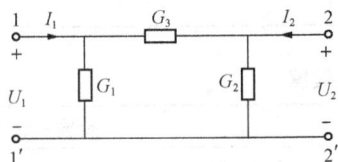

实验图 13 - 2　Π型等效电路　　　　实验图 13 - 3　T型等效电路

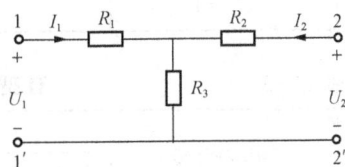

三、实验设备

实验设备清单见实验表 13 - 1。

实验表 13 - 1　　　　　　　　**实 验 设 备 清 单**

名　称	型　号	规　格	数　量	编　号	备　注
电压源		0～30V 可调	1		
直流数字电压表		3 位半/20V	1		
直流数字电流表		3 位半/20mA	1		
二端口网络实验板			1		
导线			若干		

四、实验内容

无源线性二端口网络实验板上的电路如实验图 13 - 4 （a）、（b）所示，其中图（a）为 T 型网络，图（b）为 Π 型网络。将电压源的输出电压值调到 10V，作为二端口网络的输入电压 U_1。

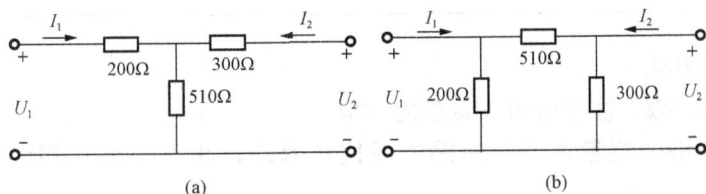

实验图 13 - 4　双口网络实验电路板
（a）T型网络；（b）Π型网络

1. 用"双端口同时测量法"测定二端口网络传输参数

根据"双端口同时测量法"的原理和方法，按照实验表 13 - 2 和实验表 13 - 3 的内容，分别测量 T 型网络和 Π 型网络的电压、电流，并计算出传输参数 A_T、B_T、C_T、D_T 和 $A_Π$、$B_Π$、$C_Π$、$D_Π$，将所有测量数据分别记入实验表 13 - 2 和实验表 13 - 3 中。

实验表 13 - 2　　　　　　　　　　　**T 型网络传输参数的实验数据**

T型网络（a）	输出端开路 $I_2=0$	测 量 值			传输参数计算值	
		U_{10}(V)	U_{20}(V)	I_{10}(mA)	A_T	C_T
	输出端短路 $U_2=0$	U_{1S}(V)	I_{1S}(mA)	I_{2S}(mA)	B_T	D_T

实验表 13 - 3　　　　　　　　　　　**Ⅱ 型网络传输参数的实验数据**

Ⅱ型网络（b）	输出端开路 $I_2=0$	测 量 值			传输参数计算值	
		U_{10}(V)	U_{20}(V)	I_{10}(mA)	$A_Ⅱ$	$C_Ⅱ$
	输出端短路 $U_2=0$	U_{1S}(V)	I_{1S}(mA)	I_{2S}(mA)	$B_Ⅱ$	$D_Ⅱ$

2. 用"双端口分别测量法"测定级联二端口网络传输参数

将 T 型网络［见图 13 - 4（a）］输出端口和 Ⅱ 型网络［见图 13 - 4（b）］的输入端口连接，组成级联二端口网络。根据"双端口分别测量法"的原理和方法，按照实验表 13 - 4 的内容，分别测量级联二端口网络输入端口和输出端口的电压、电流，并计算出等效输入电阻和电导及传输参数 A、B、C、D，并将所有测量数据记入实验表 13 - 4 中。

实验表 13 - 4　　　　　　　　　　　**级联二端口网络传输参数的实验数据**

输出端开路 $I_2=0$		等效输入电阻	输出端短路 $U_2=0$		等效输入电阻	传输参数计算值	
U_{10}(V)	I_{10}(mA)	R_{10}	U_{1S}(V)	I_{1S}(mA)	R_{1S}	A	C
输入端开路 $I_1=0$			输入端短路 $U_1=0$				
U_{20}(V)	I_{20}(mA)	R_{20}	U_{2S}(V)	I_{2S}(mA)	R_{2S}	B	D

五、实验注意事项

（1）测量电路参数，注意电流表量程的选取。

（2）双端口网络的测量在开路短路方面比较繁琐，注意与公式相配合，正确开路和短路。

六、预习思考题

（1）二端口网络的参数有哪些？它们之间的关系如何？

（2）二端口网络的参数与外加电压和电流是否有关系？为什么？

（3）讨论二端口网络"同时测量法"与"分别测量法"的优缺点及适用场合。

（4）由两个二端口网络组成的级联二端口网络的传输参数如何测定？

（5）根据实验图 13 - 3 给出两个二端口网络的电导值和电阻值，从理论上分别计算出其的传输参数。

七、实验报告要求

（1）根据实验表 13 - 2、实验表 13 - 3 和实验表 13 - 4 的测量数据，计算出各个二端口网络的传输参数，与理论计算进行比较，并写出各个二端口网络的传输方程。

（2）验证级联二端口网络的传输参数与级联的两个二端口网络传输参数之间的关系。

（3）回答预习思考题。

实验十四　特勒根定理与互易定理的验证

一、实验目的

（1）进一步熟悉和加深对特勒根定理的理解。

（2）进一步熟悉和加深对互易定理的理解。

二、实验原理与说明

1. 特勒根定理

特勒根定理是电路理论中对集总电路普遍适用的基本定理，在这个意义上，它与基尔霍夫定律等价。该定理有两种形式。

形式一：在任何具有 b 条支路的集总电路中，设其支路电压列向量 $U=\left[u_1,\ u_2,\ \cdots,\ u_b\right]^T$，支路电流列向量 $I=\left[i_1,\ i_2,\ \cdots,\ i_b\right]^T$，则有 $U^T I=0$，即

$$\sum_{k=1}^{b} u_k i_k = 0$$

其中各电压、电流同时取关联参考方向或非关联参考方向。该定理的物理意义是电路中的功率守恒，所以又称形式一为功率守恒定理。

形式二：设两个电路 N 和 $\hat{N}$ 都是由集总电路元件组成，两者的电路拓扑图相同。设它们的支路电压列向量和支路电流列向量分别为 U、I 和 $\hat{U}$、$\hat{I}$，则有

$$U^T \hat{I} = 0 \quad \text{和} \quad \hat{U}^T I = 0$$

虽然形式二中已无功率的物理意义，但因其具有功率量纲，故称形式二为拟功率定理。

2. 互易定理

一个仅由电阻器、电感器、互感器件、电容器和变压器所组成的线性定常二端口网络称为互易网络。如网络 N 和网络 $\hat{N}$，它满足以下几点。

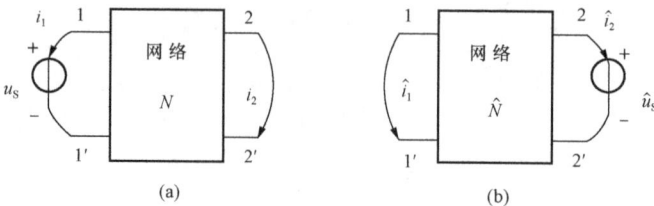

实验图 14 - 1　互易定理第一种形式

(a) 网络 N；(b) 网络 $\hat{N}$

（1）当一电压源 u_S 接入 1 - 1′ 端，在 2 - 2′ 端引起短路电流 i_2，如实验图 14 - 1 （a）所示。如果把激励和响应互换位置，将电压源 $\hat{u}_S$ 移到 2 - 2′ 端，在 1 - 1′ 端也将引起短路电流 $\hat{i}_1$，如实验图 14 - 1 （b）所示，则有

$$\frac{i_2}{u_S} = \frac{\hat{i}_1}{\hat{u}_S}$$

如果 $u_S=\hat{u}_S$，则 $i_2=\hat{i}_1$。这就是互易定理的第一种形式。

（2）当一电流源 i_S 接入 1 - 1′ 端，在 2 - 2′ 端引起开路电压 u_2，如实验图 14 - 2 （a）所示。如果将激励和响应互换位置，将电流源 $\hat{i}_S$ 移到 2 - 2′ 端，在 1 - 1′ 端也将引起开路电压 $\hat{u}_1$，如实验图 14 - 2 （b）所示，则有

$$\frac{u_2}{i_S} = \frac{\hat{u}_1}{\hat{i}_S}$$

如果 $i_S = \hat{i}_S$，则 $u_2 = \hat{u}_1$。这就是互易定理的第二种形式。

（3）当一电流源 i_S 接入 1 - 1′端，在 2 - 2′端引起短路电流 i_2，如实验图 14 - 3（a）所示。如果把激励和响应互换位置，将电流源 $\hat{u}_S$ 移到 2 - 2′端，在 1 - 1′端也将引起开路电压 $\hat{u}_1$，如实验图 14 - 3（b）所示，则有

$$\frac{i_2}{i_S} = \frac{\hat{u}_1}{\hat{u}_S}$$

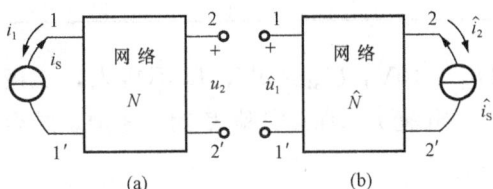

实验图 14 - 2　互易定理第二种形式

（a）网络 N；（b）网络 $\hat{N}$

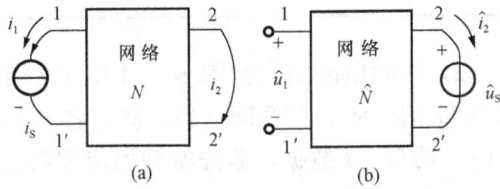

实验图 14 - 3　互易定理第三种形式

（a）网络 N；（b）网络 $\hat{N}$

如果 $\hat{i}_S = \hat{u}_S$，则 $i_2 = \hat{u}_1$（指波形相同，数值相等）。其中 i_2 和 $\hat{i}_S$ 以及 $\hat{u}_1$ 和 $\hat{u}_S$ 都是取相同的单位。这就是互易定理的第三种形式。

三、实验设备

实验设备清单见实验表 14 - 1。

实验表 14 - 1　　　　　　　　　　**实 验 设 备 清 单**

名　称	型　号	规　格	数　量	编　号	备　注
恒压源		0～30V 可调	1		
恒流源		0～500mA 可调	1		
直流数字电压表		3 位半/20V	1		
直流数字电流表		3 位半/20mA	1		
实验电路组件			1		
电流插头			1		

四、实验任务

1. 验证特勒根定理

（1）实验电路如实验图 14 - 4 所示。图中 $I_S = 15\text{mA}$，$U_{S2} = 12\text{V}$，U_{S1} 不接入，$R_1 = R_3 = R_4 = 510\Omega$，$R_2 = 1\text{k}\Omega$，$R_5 = 330\Omega$。电压、电流取关联参考方向。测试各支路电压 U、I，填入实验表 14 - 2 中，验证特勒根定理第一种形式（自行定义支路序号）。

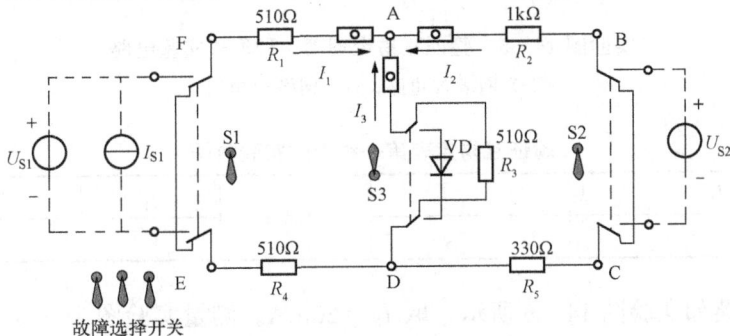

实验图 14 - 4　验证特勒根定理实验电路

实验表 14 - 2   **验证特勒根定理第一种形式的实验数据**

测量值 \ 元件	1	2	3	4	5	6	7	ΣP
$U(\text{V})$								—
$I(\text{mA})$								—
$P(\text{W})$								

（2）实验电路如实验图 14 - 4 所示，图中，$U_{S1}=10\text{V}$，$U_{S2}=0\text{V}$，I_S 不接入，二极管 VD 代替电阻 R_3，其余同（1）。测定各支路电压 $\hat{U}$、电流 $\hat{I}$，填入实验表 14 - 3 中，结合任务（1）的 U、I 数据，验证特勒根定理第二种形式。

实验表 14 - 3   **验证特勒根定理第二种形式的实验数据**

测量值 \ 元件	1	2	3	4	5	6	7	ΣP
$U(\text{V})$								—
$\hat{I}(\text{mA})$								—
$P_{U\hat{I}}(\text{W})$								
$\hat{U}(\text{V})$								—
$I(\text{mA})$								—
$P_{\hat{U}I}(\text{W})$								

2. 验证互易定理

（1）实验电路如实验图 14 - 5 所示，取 $U_S=10\text{V}$。测量实验图 14 - 5（a）、（b）两电路各支路电流值，填入实验表 14 - 4 中。

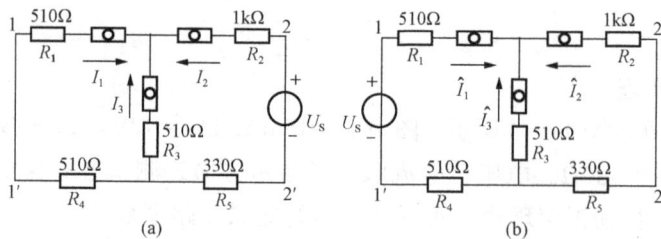

实验图 14 - 5   验证互易定理第一种形式实验电路

（a）网络 N 电路；（b）网络 $\hat{N}$ 电路

实验表 14 - 4   **验证互易定理第一种形式实验数据**

电路 a	I_1	I_2	I_3	电路 b	$\hat{I}_1$	$\hat{I}_2$	$\hat{I}_3$

（2）实验电路如实验图 14 - 6 所示，取 $I_S=20\text{mA}$。测量实验图 14 - 5（a）、（b）两电路中端口 1 - 1′和 2 - 2′的电压值，填入实验表 14 - 5 中。

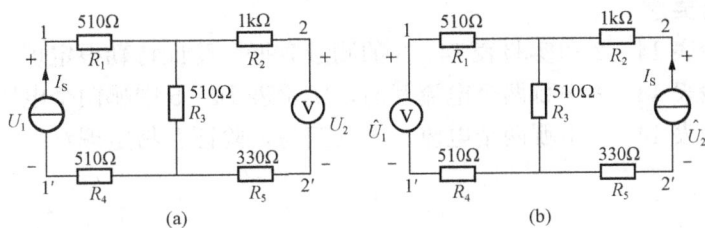

实验图 14-6　验证互易定理第二种形式实验电路

(a) 网络 N 电路；(b) 网络 $\hat{N}$ 电路

实验表 14-5　　　　　　　验证互易定理第二种形式实验数据

电路 a	U_1	U_2	电路 b	$\hat{U}_1$	$\hat{U}_2$

（3）实验电路如实验图 14-7（a）、（b）所示，取 $I_S=15\text{mA}$，$U_S=15\text{V}$。测量电路 a 中端口 $1\text{-}1'$ 和 $2\text{-}2'$ 的电流值，测量电路 b 中端口 $1\text{-}1'$ 和 $2\text{-}2'$ 的电压值，填入实验表14-6中。

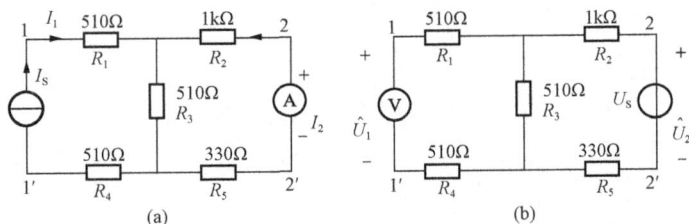

实验图 14-7　验证互易定理第三种形式实验电路

(a) 网络 N 电路 a；(b) 网络 $\hat{N}$ 电路 b

实验表 14-6　　　　　　　验证互易定理第三种形式实验数据

电路 a	U_1	U_2	电路 b	$\hat{U}_1$	$\hat{U}_2$

五、实验注意事项

（1）实验前要注意调整好电路。

（2）互易定理的三种形式中涉及两个端口电压、电流参考方向的对应关系，实验中注意电压源、电流源以及电压表、电流表极性的正确接入。

（3）实验时电压源和电流源的数值要校准。

六、预习思考题

（1）阅读实验原理与说明，复习特勒根定理和互易定理。画出实验电路图、表格等。

（2）如何判断有源元件的功率是发出，还是吸收？实验中是否有有源元件吸收功率的现象？

（3）明确特勒根定理和互易定理的适用条件。

七、实验报告要求

（1）根据实验表 14 - 2 和实验表 14 - 3 的测量数据，验证特勒根定理。

（2）指出实验表 14 - 4 中哪两个电流互易，实验表 14 - 5 中哪两个电压互易？

（3）指出实验表 14 - 6 中哪两个电流、电压互易，验证互易定理？

实验十五　一阶电路暂态过程的研究

一、实验目的

(1) 研究 RC 一阶电路的零输入响应、零状态响应和全响应的规律和特点。

(2) 学习一阶电路时间常数的测量方法，了解电路参数对时间常数的影响。

(3) 掌握微分电路和积分电路的基本概念。

二、实验原理与说明

1. RC 一阶电路的零状态响应

RC 一阶电路如实验图 15-1 所示，开关 S 在"1"的位置，$u_C=0$，处于零状态，当开关 S 合向"2"的位置时，电源通过 R 向电容 C 充电，$u_C(t)$ 称为零状态响应，其表达式为

$$u_C = U_s - U_s e^{-\frac{t}{\tau}}$$

变化曲线如实验图 15-2 所示。当 u_C 上升到 $0.632U_s$ 所需要的时间称为时间常数 τ，$\tau=RC$。

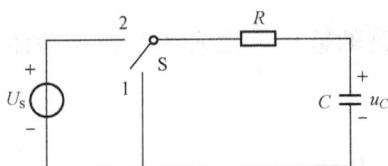

实验图 15-1　RC 一阶电路

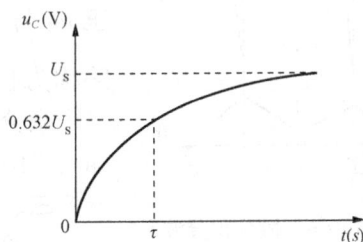

实验图 15-2　$U_C(t)$零状态响应曲线

2. RC 一阶电路的零输入响应

在实验图 15-1 中，开关 S 在"2"位置电路稳定后，再合向"1"位置时，电容 C 通过 R 放电，$u_C(t)$ 称为零输入响应

$$u_C = U_s e^{-\frac{t}{\tau}}$$

变化曲线如实验图 15-3 所示。当 u_C 下降到 $0.368U_s$ 所需要的时间称为时间常数 τ，$\tau=RC$。

3. 测量 RC 一阶电路时间常数 τ

实验图 15-1 所示电路的上述暂态过程很难观察。为了用普通示波器观察电路的暂态过程，需采用实验图 15-4 所示的周期性方波 u_S 作为电路的激励信号，方波信号的周期为 T，只要满足 $\frac{T}{2}\geqslant 5\tau$，便可在示波器的荧光屏上形成稳定的响应波形。

电阻 R、电容 C 串联与方波发生器的输出端连接。用双踪示波器观察电容电压 u_C，便可观察到稳定的指数曲线，如实验图 15-5 所示，在荧光屏上测得电容电压最大值 $U_{Cm}=a$(cm)，取 $b=0.632a$(cm)，与指数曲线交点对应

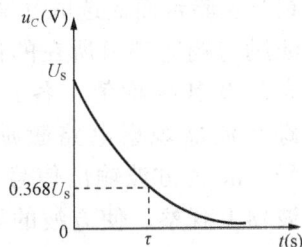

实验图 15-3　零输入响应曲线

时间 t 轴的 x 点，则根据时间 t 轴比例尺〔扫描时间 $t(\text{s/cm})$〕，得该电路的时间常数 $\tau = x(\text{cm}) \times t(\text{s/cm})$。

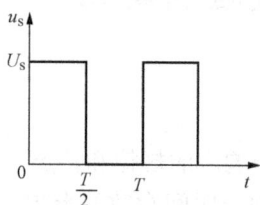

实验图 15-4　方波激励波形

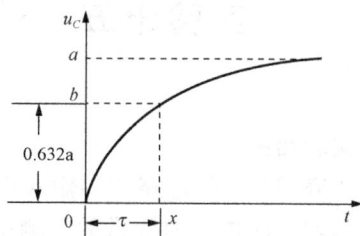

实验图 15-5　零状态响应曲线

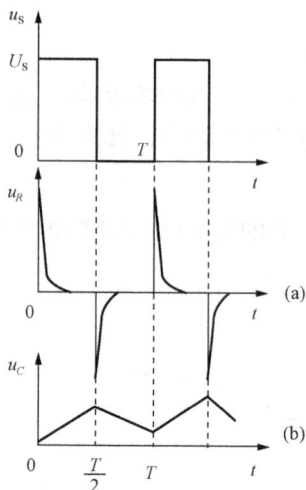

实验图 15-6　微分积分波形
（a）微分输出；（b）积分输出

4. 微分电路和积分电路

方波信号 u_S 作用在电阻 R、电容 C 串联的电路中，当满足电路时间常数 τ 远远小于方波周期 T 的条件时，电阻两端（输出）的电压 u_R 与方波输入信号 u_S 呈微分关系，$u_R \approx RC \dfrac{\text{d}u_\text{S}}{\text{d}t}$，该电路称为微分电路。当满足电路时间常数 τ 远远大于方波周期 T 的条件时，电容 C 两端（输出）的电压 u_C 与方波输入信号 u_S 呈积分关系，$u_C \approx \dfrac{1}{RC}\displaystyle\int u_\text{S}\text{d}t$，该电路称为积分电路。

微分电路和积分电路的输出、输入关系如实验图 15-6（a）、（b）所示。

三、实验设备

实验设备清单见实验表 15-1。

实验表 15-1 　　　　　　　　　　**实 验 设 备 清 单**

名　称	型　号	规　格	数　量	编　号	备　注
双踪示波器			1		
信号发生器		方波输出	1		
电阻、电容等			若干		

四、实验任务

实验电路如实验图 15-7 所示，图中电阻 R、电容 C 从实验台面板选取（请看懂线路板的走线，认清激励与响应端口所在的位置；认清 R、C 元件的布局及其标称值；各开关的通断位置等），用双踪示波器观察电路激励（方波）信号和响应信号。u_S 为方波输出信号，调节信号源输出，从示波器上观察，使方波的峰—峰值 $V_{\text{P-P}} = 2\text{V}$，$f = 1\text{kHz}$。

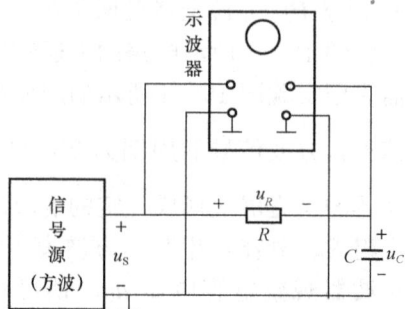

实验图 15-7　实验电路接线

1. RC 一阶电路的充、放电过程

(1) 测量时间常数 τ。选择 R、C 元件，令 $R = 10\text{k}\Omega$，$C = 0.01\mu\text{F}$，用示波器观察激励 u_S 与响应 u_C 的变化规律，测量并记录时间常数 τ。

(2) 观察时间常数 τ（即电路参数 R、C）对暂态过程的影响。令 $R = 10\text{k}\Omega$，$C = 0.01\mu\text{F}$，观察并描绘响应的波形，继续增大 C（取 $0.01 \sim 0.1\mu\text{F}$）或增大 R（取 $10\text{k}\Omega$、$30\text{k}\Omega$），定性地观察对响应的影响。

2. 微分电路和积分电路

(1) 积分电路。选择 R、C 元件，令 $R = 90\text{k}\Omega$，$C = 0.01\mu\text{F}$，用示波器观察激励 u_S 与响应 u_C 的变化规律。

(2) 微分电路。将实验电路中的 R、C 元件位置互换，令 $R = 1\text{k}\Omega$，$C = 0.01\mu\text{F}$，用示波器观察激励 u_S 与响应 u_R 的变化规律。

五、实验注意事项

(1) 调节电子仪器各旋钮时，动作不要过快。实验前，要熟读双踪示波器的使用说明，特别是观察双踪波形时，要十分注意开关、旋钮的操作与调节。

(2) 信号源的接地端与示波器的接地端要连在一起（称共地），以防外界干扰而影响测量的准确性。

(3) 示波器的辉度不应过亮，尤其是显示波形或光点长时间停留在荧光屏上不动时，应将辉度调暗，以延长示波管的使用寿命。

六、预习思考题

(1) 用示波器观察 RC 一阶电路零输入响应和零状态响应时，为什么激励必须是方波信号？

(2) 已知 RC 一阶电路的 $R = 10\text{k}\Omega$，$C = 0.01\mu\text{F}$，试计算时间常数 τ，并根据 τ 值的物理意义，拟定测量 τ 的方案。

(3) 在 RC 一阶电路中，当 R、C 的大小变化时，对电路的响应有何影响？

(4) 何谓积分电路和微分电路，各电路成立的条件是什么？它们在方波激励下，其输出信号波形的变化规律如何？这两种电路有何功能？

七、实验报告要求

(1) 根据实验 1（1）观测结果，绘出 RC 一阶电路充、放电时 U_C 与激励信号对应的变化曲线，由曲线测得 τ 值，并与参数值的理论计算结果作比较，分析误差原因。

(2) 根据实验任务 2 观测结果，绘出积分电路、微分电路输出信号与输入信号对应的波形。

(3) 回答预习思考题（3）、（4）。

实验十六　二阶电路暂态过程的研究

一、实验目的

（1）研究 RLC 二阶电路的零输入响应、零状态响应的规律和特点，了解电路参数对响应的影响。

（2）学习二阶电路衰减系数、振荡频率的测量方法，了解电路参数对它们的影响。

（3）观察、分析二阶电路响应的三种变化曲线及其特点，加深对二阶电路响应的认识与理解。

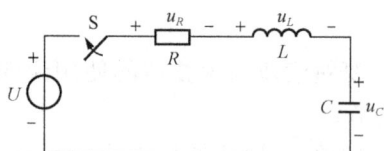

实验图 16 - 1　RLC 串联电路

二、实验原理与说明

1. 零状态响应

在实验图 16 - 1 所示的 R、L、C 电路中，$u_C(0)=0$，在 $t=0$ 时开关 S 闭合，电压方程为

$$LC\frac{\mathrm{d}^2 u_C}{\mathrm{d}t^2} + RC\frac{\mathrm{d}u_C}{\mathrm{d}t} + u_C = U$$

这是一个二阶常系数非齐次微分方程，该电路称为二阶电路，电源电压 U 为激励信号，电容两端电压 u_C 为响应信号。根据微分方程理论，u_C 包含两个分量：暂态分量 u_C'' 和稳态分量 u_C'，即

$$u_C = u_C'' + u_C'$$

u_C 的具体形式与电路参数 R、L、C 有关。

当满足 $R < 2\sqrt{\dfrac{L}{C}}$ 时

$$u_C(t) = u_C'' + u_C' = A\mathrm{e}^{-\delta t}\sin(\omega t + \varphi) + U$$

其中，衰减系数 $\delta = \dfrac{R}{2L}$，衰减时间常数 $\tau = \dfrac{1}{\delta} = \dfrac{2L}{R}$。这是一个衰减振荡曲线，振荡频率为

$$\omega = \sqrt{\frac{1}{LC} - \left(\frac{R}{2L}\right)^2}$$

振荡周期

$$T = \frac{1}{f} = \frac{2\pi}{\omega}$$

变化曲线如实验图 16 - 2（a）所示。由于电阻 R 比较小，又称为欠阻尼状态。

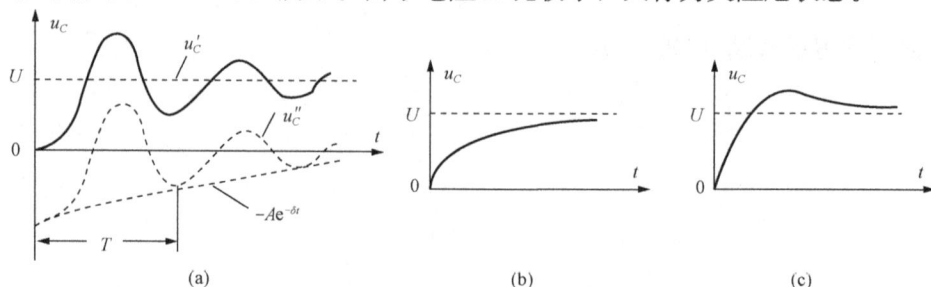

实验图 16 - 2　二阶电路零状态响应的三种波形

（a）欠阻尼状态；（b）过阻尼状态；（c）临界阻尼状态

当满足 $R > 2\sqrt{\dfrac{L}{C}}$ 时，u_C 的变化处在过阻尼状态，由于电阻 R 比较大，电路中的能量很快被电阻消耗掉，u_C 无法振荡，变化曲线如实验图 16 - 2（b）所示。

当满足 $R = 2\sqrt{\dfrac{L}{C}}$ 时，u_C 的变化处在临界阻尼状态，变化曲线如实验图 16 - 2（c）所示。

2. 零输入响应

在实验图 16 - 3 电路中，开关 S 与已在"1"端闭合，电路处于稳定状态，$u_C(0) = U$，在 $t = 0$ 时开关 S 与"2"闭合，输入激励为零，电压方程为

$$LC\frac{\mathrm{d}^2 u_C}{\mathrm{d}t} + RC\frac{\mathrm{d}u_C}{\mathrm{d}t} + u_C = 0$$

这是一个二阶常系数齐次微分方程，根据微分方程理论，u_C 只包含暂态分量 u''_C，稳态分量 u'_C 为零。

和零状态响应一样，根据 R 与 $2\sqrt{\dfrac{L}{C}}$ 的大小关系，u_C 的变化规律分为衰减振荡（欠阻尼）、过阻尼和临界阻尼三种状态，它们的变化曲线与实验图 16 - 2 中的暂态分量 u''_C 类似，衰减系数、衰减时间常数、振荡频率与零状态响应完全一样。

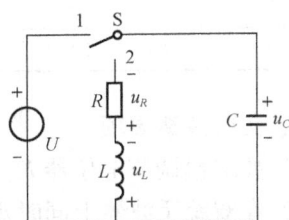

实验图 16 - 3 二阶零输入
响应实验电路

本实验对 R、C、L 并联电路进行研究，激励采用方波脉冲，二阶电路在方波正、负阶跃信号的激励下，可获得零状态与零输入响应，响应的规律与 R、L、C 串联电路相同。测量 u_C 衰减振荡的参数，如实验图16 - 2（a）所示，用示波器测出振荡周期 T，便可计算出振荡频率 ω，按照衰减轨迹曲线测量 $0.368A$ 对应的时间 τ，便可计算出衰减系数 δ。

三、实验设备

实验设备清单见实验表 16 - 1。

实验表 16 - 1   实 验 设 备 清 单

名　称	型　号	规　格	数　量	编　号	备　注
双踪示波器			1		
信号发生器		方波输出	1		
电阻、电容等			若干		

四、实验任务

实验电路如实验图 16 - 4 所示，其中：$R_1 = 10\text{k}\Omega$，$L = 15\text{mH}$，$C = 0.01\mu\text{F}$，R_2 为 $10\text{k}\Omega$ 电位器（可调电阻），信号源的输出为最大值 $U_m = 2\text{V}$，频率 $f = 1\text{kHz}$ 的方波脉冲，通过导线接至实验电路的激励端，同时用示波器探头将激励端和响应输出端接至双踪示波器的 Y_A 和 Y_B 两个输入口。

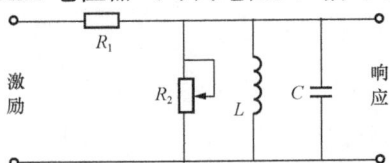

实验图 16 - 4 二阶暂态过程实验电路

（1）调节电阻器 R_2，观察二阶电路的零输入响应和零状态响应。由过阻尼过渡到临界阻尼，最后过渡到欠

阻尼的变化过渡过程，分别定性地描绘响应的典型变化波形。

（2）调节 R_2 使示波器荧光屏上呈现稳定的欠阻尼响应波形，定量测定此时电路的衰减常数 δ 和振荡频率 ω，并记入实验表 16 - 2 中。

（3）改变电路参数，按实验表 16 - 2 中的数据重复步骤（2）的测量，仔细观察改变电路参数时 δ 和 ω 的变化趋势，并将数据记入实验表 16 - 2 中。

实验表 16 - 2　　　　　　　　　　**二阶电路暂态过程实验数据**

电路参数 实验次数	元 件 参 数				测 量 值	
	$R_1(\text{k}\Omega)$	R_2	$L(\text{mH})$	$C(\mu\text{F})$	δ	ω
1	10	调至欠阻尼状态	15	1000pF		
2	10		15	3300pF		
3	10		15	0.01		
4	30		15	0.01		

五、实验注意事项

（1）要缓慢调节电位器 R_2 值，准确找到临界阻尼状态。

（2）在双踪示波器上同时观察激励信号和响应信号时，显示要稳定；如不同步，则可采用外同步法（看示波器说明）触发。

六、预习思考题

（1）什么是二阶电路的零状态响应和零输入响应？它们的变化规律和哪些因素有关？

（2）根据二阶电路实验电路元件的参数，计算出处于临界阻尼状态的 R_2 之值。

（3）在示波器荧光屏上，如何测得二阶电路零状态响应和零输入响应"欠阻尼"状态的衰减系数 δ 和振荡频率 ω？

七、实验报告要求

（1）根据观测结果，在方格纸上描绘二阶电路过阻尼、临界阻尼和欠阻尼的响应波形。

（2）测算欠阻尼振荡曲线上的衰减系数 δ、衰减时间常数 τ、振荡周期 T 和振荡频率 ω。

（3）归纳、总结电路元件参数的改变对响应变化趋势的影响。

（4）回答预习思考题（2）。

实验十七　观测周期性信号的有效值、平均值和幅值

一、实验目的

(1) 进一步理解周期性信号的有效值和平均值的概念。

(2) 掌握周期性信号的有效值和平均值的计算方法。

(3) 了解几种周期性信号（正弦波、矩形波、三角波）的有效值、平均值与幅值的关系。

(4) 掌握信号发生器的使用方法。

二、实验原理与说明

正弦波、矩形波、三角波都属于周期性信号，它们的电压波形如实验图 17 - 1（a）、(b)、(c) 所示。图中各波形的幅值为 U_m，周期为 T。用有效值表示周期性信号的大小（作功能力），平均值表示周期性信号在一个周期里的平均大小。本实验是先取波形绝对值再求平均值，有效值和平均值都与幅值有一定关系。

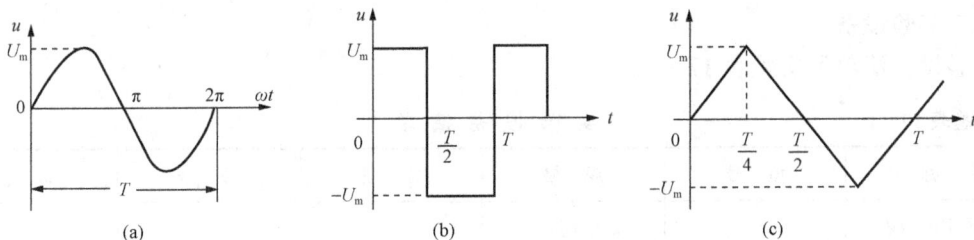

实验图 17 - 1　正弦波、方波、三角波电压波形
(a) 正弦波电压波形；(b) 矩形波电压波形；(c) 三角波电压波形

1. 正弦波电压有效值、平均值的计算

如实验图 17 - 1（a）所示，设正弦波电压 $u = U_m \sin\omega t$，则：

有效值　　$U = \sqrt{\dfrac{1}{T}\int_0^T u^2 \mathrm{d}t} = \sqrt{\dfrac{1}{T}\int_0^T U_m^2 \sin^2\omega t \, \mathrm{d}(\omega t)} = \dfrac{U_m}{\sqrt{2}} = 0.707U_m$

正弦波电压的平均值为零，将正弦波电压取绝对值之后（即全波整流波形）再求平均值

平均值　　$U_{av} = \dfrac{2}{T}\int_0^{\frac{T}{2}} u\mathrm{d}t = \dfrac{2}{T}\int_0^{\frac{T}{2}} U_m \sin\omega t \, \mathrm{d}(\omega t) = \dfrac{4U_m}{T} = \dfrac{2U_m}{\pi} = 0.636U_m$

2. 矩形波电压有效值、平均值的计算

如实验图 17 - 1（b）所示，有效值等于电压的“方均根”，由于电压波形对称，只计算半个周期即可，即

$$U = \sqrt{\dfrac{2}{T}\int_0^{\frac{T}{2}} U_m^2 \mathrm{d}t} = \sqrt{\dfrac{2U_m^2}{T} \times t \bigg|_0^{\frac{T}{2}}} = U_m$$

取波形绝对值的平均值，同样，只计算半个周期即可，即

$$U_{av} = \frac{U_m \times \frac{T}{2}}{\frac{T}{2}} = U_m$$

3. 三角波电压有效值、平均值的计算

如实验图 17-1（a）所示，由于波形对称，在 $\frac{1}{4}$ 个周期里，$u = \frac{4U_m}{T} \times t$，则有效值

$$U = \sqrt{\frac{4}{T}\int_0^{\frac{T}{4}} u^2 dt} = \sqrt{\frac{4}{T}\int_0^{\frac{T}{4}} \frac{4^2 U_m^2}{T^2} \times t^2 dt} = \sqrt{\frac{4^3 U_m^2}{T^3}\int_0^{\frac{T}{4}} t^2 dt} = \frac{U_m}{\sqrt{3}} = 0.577U_m$$

取波形绝对值的平均值，同样，只计算 1/4 个周期即可

$$U_{av} = \frac{\left(U_m \times \frac{T}{4}\right)/2}{\frac{T}{4}} = \frac{U_m}{2} = 0.5U_m$$

在实际电路中，周期性信号的有效值用交流仪表测量，平均值用直流仪表测量，幅值用示波器测量。在本实验中，测量有效值、平均值和幅值均已制成专门的组件，从组件的输出端可直接读出它们的大小。

三、实验设备

实验设备清单见实验表 17-1。

实验表 17-1　　　　　　　　　　**实 验 设 备 清 单**

名　称	型　号	规　格	数　量	编　号	备　注
直流数字电压表		2V/3 位半	1		
直流数字毫安表		2mA/3 位半	1		
信号发生器			1		含频率计
实验电路组件			3		

四、实验任务

1. 观测正弦波的有效值、平均值和幅值

（1）将信号源的"波形选择"开关置正弦波信号位置上。

（2）将信号源的信号输出端与频率计输入端连接，信号源与频率计已"共地"。

（3）将信号源的信号输出端与测量"幅值"组件的输入端连接。

（4）接通信号源电源，调节信号源的频率旋钮（包括"频段选择"开关、频率粗调和频率细调旋钮），使输出信号的频率为 1kHz（由频率计读出），调节输出信号的"幅值调节"旋钮，使"幅值"组件的输出端指示 1V，固定信号源的频率和幅值不变。

（5）将信号源的信号输出端分别与测量"有效值"和"平均值"组件的输入端连接，记录这两个组件的输出值。

2. 观测矩形波的有效值、平均值和幅值

将信号源的"波形选择"开关置方波信号位置上，重复上述步骤。

3. 观测三角波的有效值、平均值和幅值

将信号源的"波形选择"开关置锯齿波信号位置上，重复上述步骤。

五、实验注意事项

此实验要搞清楚实验原理，完全按照实验任务所规定的步骤去做即可。

六、预习思考题

（1）理解周期性信号有效值、平均值和幅值的概念。

（2）在实际电路中，周期性信号的有效值、平均值和幅值各用什么类型的仪表测量？

（3）若正弦波、矩形波、三角波的幅值均为 1V，试计算它们的有效值和平均值（正弦波的平均值按全波整流波形计算）。

七、实验报告要求

（1）回答预习思考题。

（2）整理实验数据，并与计算值［预习思考题（3）］相比较。

（3）试计算实验图 17 - 2 所示波形（方波）的有效值和平均值。

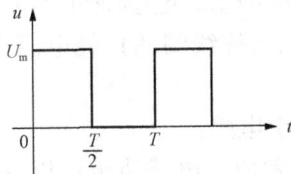

实验图 17 - 2　方波信号

实验十八　正弦交流电路中器件的等效参数测定

一、实验目的

(1) 学会用"伏安瓦计法"测定交流电路参数。

(2) 学会交流电压表、电流表、功率表及自耦调压器的使用。

二、实验原理与说明

1. 交流电路中常用的实际无源元件

(1) 电阻器：当直流电流或低频电流通过电阻器件时，电流在导体截面上的分布是均匀的；但是当频率较高时，交流电流在导体截面的分布不再均匀，会产生趋肤效应，由于趋肤效应，频率越高，电阻越大。

(2) 电感器：即通常所说的电感绕组。电感绕组是由导线绕制而成，因而它除了含有一定的电感 L 外，还含有导线的损耗（称线圈的损耗电阻 R），绕组匝数之间含有电容效应（称绕组的分布电容 C）。

在直流情况下，绕组等效为一个电阻。

在工频情况下，可以忽略电容效应，电感绕组可以等效为理想电阻和理想电感的串联（当然也可以等效为电阻和电感的并联。对应的串联参数和并联参数一般并不相等）。电感绕组的串联等效电路如实验图 18-1 所示。

(3) 电容器：当交流电流通过电容器时，电容器会产生介质损耗，因而电容器可以等效为理想电阻与理想电容的串联（当然也可以等效为电阻和电容的并联，对应的串联参数和并联参数一般并不相等），如实验图 18-2 所示。

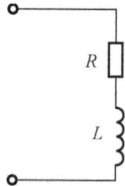

实验图 18-1　电感器串联等效电路　　　　　　实验图 18-2　电容器串联等效电路

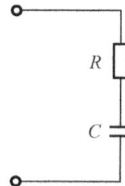

2. 伏安瓦计法（三表法）测量交流电路负载参数的方法

正弦交流电路中各个元件的参数值，可以用交流电压表、交流电流表及功率表，分别测量出元件两端的电压 U，流过该元件的电流 I 和它所消耗的功率 P，然后通过计算得到所求的各值。这种方法称为伏安瓦计法或三表法，是用来测量低频交流电路参数的基本方法。

计算的基本公式为

电阻元件的电阻

$$R = \frac{U_R}{I} \quad 或 \quad R = \frac{P}{I^2}$$

串联电路

等效电阻为

$$R = \frac{P}{I^2}$$

串联电路复阻抗的模

$$|Z|=\frac{U}{I}$$

等效电抗

$$X=\sqrt{|Z|^2-R^2}$$

电感元件的等效电感为

$$L=\frac{X_L}{2\pi f}$$

电容元件的等效电容

$$C=\frac{1}{2\pi f X_C}$$

3. 功率表的使用方法

功率表（或称瓦特表）的接线原则：①功率表电流接线端应与负载串联，而电压接线端应与负载并联。②电流接线端和电压接线端"发电机端"（标有 ＊ 号端）方向应接在电源的同一侧。③功率表的电压量程与电流量程应大于等于电路电压和电流。遵守功率表接线原则的正确接线方式有两种，如实验图 18-3 所示。

功率表的量程选择应注意功率表的电压接线端与电流接线端的量程应分别大于或等于线路的电压与电流。

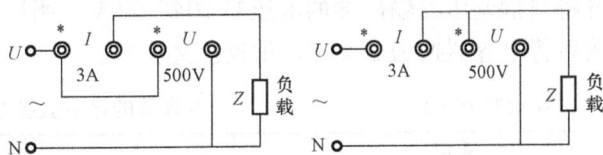

实验图 18-3　功率表接线端方式

(a) 电压接线端前接方式；(b) 电压接线端后接方式

三、实验设备

实验设备清单见实验表 18-1。

实验表 18-1　　　　**实 验 设 备 清 单**

名　称	型　号	规　格	数　量	编　号	备　注
自耦调压器			1		
交流数字电压表		3 位半/300V	1		
交流数字电流表		3 位半/1A	1		
功率表			1		
白炽灯		220V/25W	2		
镇流器			1		
电容器		4.3μF/2.2μF	2		

四、实验内容

本次实验电阻元件用白炽灯（非线性电阻），电感绕组用镇流器，由于镇流器绕组的金属导线具有一定电阻，因而镇流器可以由电感和电阻相串联来等效表示。电容器可认为是近似理想的电容元件。

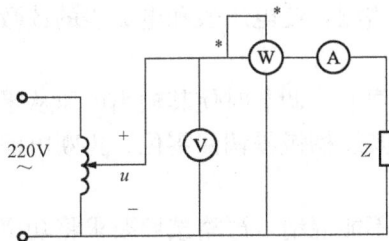

实验图 18-4　三表法测量负载参数电路图

实验电路如实验图 18-4 所示，功率表的连接方法如实验图 18-3 所示，交流电源经自耦调压器调压后向负载 Z 供电。

1. 测量白炽灯的电阻（非线性电阻）

实验图 18-4 电路中的 Z 为两个 220V/25W 的白炽灯并联，调节自耦调压器使输出端电压 U 为 220V（以交流电压表测量为准），测量电压、电流和功率，记入实验表18-2中。然后将自耦调压器输出端电压 U 调到110V，重复上述实验。

实验表 18-2   **白炽灯的电阻参数测量数据**

测量值 电源电压	U(V)	I(A)	P(W)	$R(\Omega)$
220V				
110V				

2. 测量电容器的电容值

先将实验图18-4中的自耦调压器调到零位，然后将电路中的 Z 换为 $4.3\mu F$ 的电容器，再将自耦调压器输出端的电压 U 调到180V，测量电压、电流和功率，记入实验表18-3中。然后将电容器换为 $2.2\mu F$，重复上述实验。

实验表 18-3   **电容器的电容值参数测量数据**

测量值 电源电压	U(V)	I(A)	P(W)	等效 $C(\mu F)$	$C(\mu F)$
180V					4.3
180V					2.2

3. 测量镇流器的参数

先将实验图18-4中的自耦调压器调到零位，然后将电路中的 Z 换为镇流器，再将自耦调压器输出端的电压 U 分别调到180V和90V，测量电压、电流和功率，记入实验表18-4中。

实验表 18-4   **镇流器参数测量数据**

测量值 电源电压	U(V)	I(A)	P(W)	等效 $R(\Omega)$	等效 L(H)
180V					
90V					

4. 等效参数不确定度的估算

仪表等级均按0.5级考虑，计算白炽灯和镇流器等效电路由于电压误差和仪表误差所带来的绝对不确定度和相对不确定度。

五、实验注意事项

（1）通常功率表不单独使用，要有电压表和电流表监测，使电压表和电流表的读数不超过功率表电压和电流的量程，注意功率表的正确接线。

（2）自耦调压器在接通电源前，应将其手柄置在零位上，调节时使其输出电压从零开始逐渐升高。每次改接实验负载或实验完毕，都必须先将其旋柄慢慢调回零位，再断电源。必须严格遵守这一安全操作规程。

（3）功率表使用时注意电压线圈和电流线圈接线端不能混淆，严格按照要求将功率表接入电路。

六、预习思考题

(1) 在 50Hz 的交流电路中，已测得一铁心线圈的 P、I 和 U，如何计算它的等效电阻值、等效电感值？

(2) 当日光灯上缺少启辉器时，人们常用一根导线将启辉器插口的两端短接一下，然后迅速断开，使日光灯点亮；或用一只启辉器去点亮多只同类型的日光灯，这是为什么？

(3) 了解功率表的连接方法及自耦调压器的操作方法。

(4) 如何通过实验的方法判断被测负载的性质？说明原理。

七、实验报告要求

(1) 根据实验表 18 - 2 的实验数据，计算白炽灯在不同电压下的电阻值。

(2) 根据实验表 18 - 3 的实验数据，计算电容器的等效电容值。

(3) 根据实验表 18 - 4 的实验数据，计算镇流器的串联等效参数（等效电阻 R 和等效电感 L）。

(4) 按实验表 18 - 5、实验表 18 - 6 的要求估算白炽灯、镇流器等效电阻的不确定度。

实验表 18 - 5　　　　　　　　白炽灯等效电阻的不确定度估算

电源电压	等效电阻	不确定度 Δ_1	不确定度 Δ_2	扩展不确定度 Δ	相对不确定度 U_r
220V					
110V					

实验表 18 - 6　　　　　　　　镇流器等效电阻的不确定度估算

电源电压	等效电阻	不确定度 Δ_1	不确定度 Δ_2	扩展不确定度 Δ	相对不确定度 U_r
180V					
90V					

实验十九　功率因数提高的研究

一、实验目的
（1）了解提高功率因数的方法和意义。
（2）熟悉日光灯电路的结构和原理。
（3）通过实验进一步熟悉并掌握功率表和自耦调压器的使用方法。

二、实验原理与说明

1. 功率因数提高的意义

功率因数过低，在供电线路上要引起较大的能量损耗和电压降，这是因为供电系统由电源（发电机或变压器）通过输电线路向负载供电。在一定的电压下向负载输送一定的有功功率 $P=UI\cos\varphi$，当功率 P 和供电电压 U 一定时，负载功率因数 $\cos\varphi$ 越低，通过线路的电流 I 就越大，从而线路的电压降 $\Delta U_l=IR_l$ 和线路的功率损耗 $\Delta P_l=I^2R_l$ 就越大，线路电压降的增加，引起负载电压的降低，影响负载的正常工作。

另外，负载的功率因数越低，电源设备的容量就越不能得到充分利用。因为电源设备额定容量等于额定电压和额定电流的乘积，在相同的电压和电流的情况下，负载的功率因数越低，发电机或变压器能提供的有功功率就越少。因而，必须采取措施提高线路的功率因数。

2. 功率因数提高的方法

由于实际电气设备以感性负载为主，所以提高功率因数的常用措施是，在供电线路上或负载两端并联电容器组，用电容器产生的无功功率来补偿感性负载消耗的无功功率以提高功率因数。

并联电容器后，功率因数提高，线路电流减小。若负载的总无功功率 $Q_C<Q_L$ 时，电路中的负载仍然为感性，此时的电路状态称为欠补偿；当并联电容器后使负载的总无功功率 $Q_C=Q_L$ 时，总无功功率 $Q=0$，此时功率因数 $\cos\varphi=1$，线路电流 I 最小，此时的电路状态称为全补偿；若继续增加并联电容值，将导致功率因数下降，线路电流增大，这种现象称为过补偿。可见，在线路并上电容器，可改善电路的功率因数。

日光灯电路由灯管、启辉器和镇流器三部分组成。

1）灯管是内壁涂有荧光粉的玻璃管，两端装有灯丝电极，灯丝上涂有受热后易发射电子的金属氧化物，管内充有少量惰性气体和水银蒸气。灯管的启辉电压是 400～500V，启辉后正常管压降只有 80～110V。

2）启辉器俗称跳泡，是一个充有氖气的辉光管。

3）镇流器是一个电感量很大的铁心电感，其作用一是在灯管启燃瞬间产生一高电压，帮助灯管启燃；二是在正常工作时，起到降压的作用。

4）日光灯电路工作原理说明：当日光灯电路接通电源时，电源电压通过镇流器两灯丝加在启辉器两端，使启辉器两电极之间产生辉光放电，此时两电极瞬间受热伸展短接，电源、镇流器、启辉器及日光灯的灯丝电极串联构成通路，这时的电流大约是正常工作电流的两倍左右，使灯丝预热便于发射电子。启辉器两电极短接后，氖气停止电离，温度下降，电极很快收缩断开。电路在断开的瞬间在镇流器两端产生一个高感应电压，该电压连同电源电压一起加在灯管的两端，当电压足够高时，导致灯管内气体电离放电，水银分子电离产生的紫外线激发管内壁的荧光粉发出可见光。灯管点亮后两端的电压较低，30W 的约为 100V，这时连接在灯管两端的启辉器因电压低不能再次启动。

三、实验设备

实验设备清单见实验表 19-1。

实验表 19-1　　　　　　　　　**实 验 设 备 清 单**

名　称	型　号	规　格	数　量	编　号	备　注
自耦调压器			1		
交流数字电压表		3 位半/300V	1		
交流数字电流表		3 位半/1A	1		
功率表			1		
日光灯管		30W	1		
镇流器			1		
启辉器			1		
电容箱			1		

四、实验内容

1. 测量日光灯电路模型参数

按实验图 19-1 所示电路接线（将电容箱电容值 C 调为 0），检查正确后合上交流电源按钮，调节自耦调压器使其输出电压为 220V，用电压表测量灯管电压两端的电压 U_R 及镇流器两端的电压 U_L，用电流表测灯管电流 I；用功率表测日光灯消耗的有功功率，记入实验表 19-2 中，并计算出日光灯电路模型的等效参数。

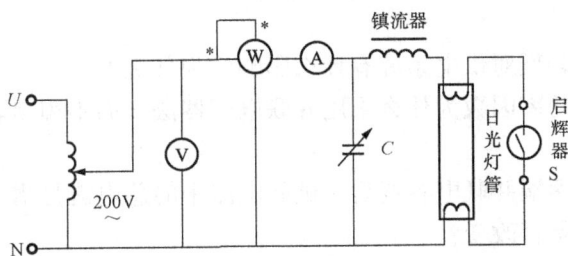

实验图 19-1　提高日光灯电路功率因数实验电路

实验表 19-2　　　　　　　　　**日光灯电路参数测量数据**

测　量　数　值					计　算　值	
P(W)	I(A)	U(V)	U_L(V)	U_R(V)	等效电感 L(H)	等效电阻 R(Ω)

2. 并联电容器可提高日光灯电路的功率因数

保持自耦调压器输出端电压为 220V，在日光灯电路两端并联上电容器，如图 19-1 所示。通过改变电容 C 值，使电路分别处于欠补偿、全补偿以及过补偿状态，分别测出电源电压 U、线路电流 I、电容电流 I_C、负载电流 I_{RL} 和功率 P，记入实验表 19-3 中。

实验表 19 - 3　　　　　　　　　　　**提高日光灯电路功率因数实验测量数据**

$C(\mu F)$	$U(V)$	$I(A)$	$I_C(A)$	$I_{RL}(A)$	$P(W)$	$\cos\varphi$
0						
C_0						

3. 提高电源容量的利用率

实验图 19 - 1 所示电路保持负载电压 220V，改变并联电容箱电容 C 值的大小，当线路电流出现最小值时，再并入由两个 220V/25W 串联的白炽灯组，调节并入白炽灯组数使线路电流与实验 1（未并联电容箱）时线路电流大致相同，测量电源电压 U、线路电流 I 和功率 P，计算出电源容量利用率 η，记入实验表 19 - 4 中。

实验表 19 - 4　　　　　　　　　　　**电源容量的利用率测量数据**

日光灯电路并电容	$U(V)$	$I(A)$	$P(W)$	η
$C=0$				
$C=C_0$				

五、实验注意事项

（1）注意功率表和自耦调压器的正确使用。

（2）实验中要测出 $\cos\varphi$ 最近接近 1 的一组数据。

六、预习思考题

（1）负载功率因数较低对供电系统有什么影响？为什么？

（2）提高感性负载功率因数为什么采用并联电容器法，而不用串联电容器法？所并的电容器是否越大越好？

（3）在日光灯电路两端并联电容器后，试问电路中的总电流是增大还是减小？此时日光灯电路上的电流和功率是否改变？

（4）如何利用实验的方法判断电路工作在全补偿状态？实验中日光灯电路的功率因数能否补偿到 1？讨论原因。

七、实验报告要求

（1）根据实验表 19 - 2 中的实验数据，计算日光灯电路模型参数。

（2）根据实验表 19 - 3 中的电流测量数据，说明 I 与 I_C+I_{RL} 是否相等，为什么？

（3）根据实验表 19 - 3 中的实验数据，计算出日光灯电路两端并联不同电容时的功率因数 $\cos\varphi$，并说明并联的电容器对功率因数的影响；在同一方格纸上画出功率因数 $\cos\varphi$ 和总电流 I 随电容 C 变化的曲线，即 $\cos\varphi=f(C)$ 和 $I=f(C)$ 曲线。

（4）根据实验表 19 - 3 中的实验数据，从减小线路压降、线路功耗和充分利用电源容量两个方面说明提高功率因数的经济意义。

（5）回答预习思考题。

实验二十　正弦稳态交流电路相量的研究

一、实验目的

(1) 研究正弦稳态交流电路中电压、电流相量之间的关系。

(2) 掌握 RC 串联电路的相量轨迹及其作为移相器的应用。

(3) 学会交流电压表、电流表、功率表及自耦调压器的使用。

二、实验原理与说明

(1) 在正弦交流电路中，连接在同一结点的支路电流满足相量形式的 KCL，连接同一回路的各元件电压满足相量形式的 KVL，即

$$\sum \dot{I} = 0 \ \text{和}$$

$$\sum \dot{U} = 0$$

(2) 如实验图 20-1 所示的 RC 串联电路，在正弦稳态信号 $\dot{U}$ 的激励下有

$$\dot{U} = \dot{U}_C + \dot{U}_R ; U = \sqrt{U_R^2 + U_C^2}$$

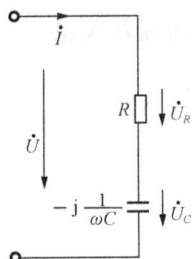

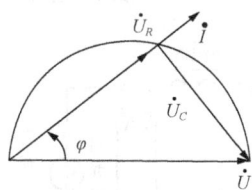

实验图 20-1　RC 电路相量图

$\dot{U}_R$ 与 $\dot{I}$ 同相，$\dot{U}_C$ 滞后 $\dot{I}$ 90°，$\dot{U}_R$ 与 $\dot{U}_C$ 始终保持有 90°的相位差，即当阻值 R 改变时，$\dot{U}_R$ 的相量轨迹是一个半圆，$\dot{U}$、$\dot{U}_C$ 与 $\dot{U}_R$ 三者形成一个直角电压三角形。$\dot{U}$ 与 $\dot{I}$ 之间的相位差 $\left(\varphi = \arctan \dfrac{1}{2\pi CR}\right)$ 将随电阻 R、电容 C 或频率 f 的改变而在 0°～90°之间变化，从而达到移相的目的。

三、实验设备

实验设备清单见实验表 20-1。

实验表 20-1　　　　　　　　　　　　　　实 验 设 备 清 单

名　称	型　号	规　格	数量	编　号	备　注
自耦调压器			1		
交流数字电压表		3 位半/300V	1		
交流数字电流表		3 位半/1A	1		
功率表			1		
白炽灯		25W /220V	2		
日光灯管		30W	1		
镇流器			1		
启辉器			1		
电容箱			1		

四、实验内容

1. 研究 RC 电路的相量关系

用 4 只 220V/25W 的白炽灯泡和 6.5μF 的电容器组成如实验图 20‑2 所示的实验电路，闭合电源开关调节调压器至输出为 220V，测量电源两端电压 U、电容器两端电压 U_C 和白炽灯两端电压 U_R，记入实验表 20‑2 中，验证电压相量关系。

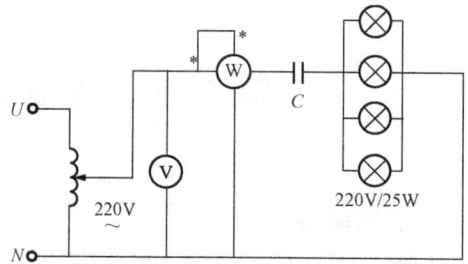

实验图 20‑2　RC 电路相量实验图

实验表 20‑2　　　　　RC 电路电压相量关系测量数据

白炽灯数	测 量 值			计 算 值			
	U（V）	U_R（V）	U_C（V）	U（与 U_R、U_C 组成）电压三角形（V）	ΔU（V）	γ（%）	φ
2 个并联							
4 个并联							

2. 研究 RL 电路（日光灯电路）的相量关系

按实验图 20‑3 接线（将电容箱电容 C 调为 0），检查正确后合上交流电源按钮，调节自耦调压器使其输出电压为 220V，测量电路中的功率 P、电流 I 及电源两端电压 U、镇流器两端电压 U_L 和灯管两端电压 U_R，记入实验表 20‑3 中，验证电压、电流相量关系。

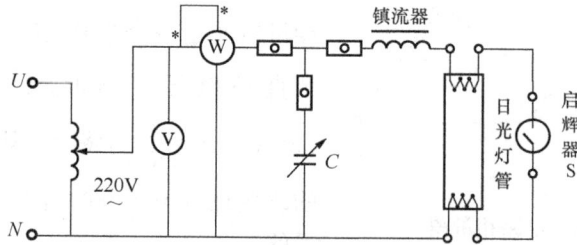

实验图 20‑3　改善日光灯电路功率因数实验电路

实验表 20‑3　　　　　日光灯电路相量关系测量数据

测 量 数 值						计算值
P（W）	I（A）	U（V）	U_L（V）	U_R（V）	$\cos\varphi$	R（Ω）

3. 通过改变并联电容 C 值的大小来改变 φ 角的大小，从而改善日光灯电路的功率因数

实验图 20‑3 中 C 是电容补偿器，用以改善电路的功率因数（$\cos\varphi$ 值）。按实验图 20‑3 接线（将电容箱 C 调为 0），检查正确后合上交流电源按钮，调节自耦调压器使其输出电压为 220V，改变电容值使电路处于欠补偿、接近全补偿和过补偿状态（如电容值为 1、4.3、7.5μF）时分别测量电路中的功率 P、电源两端电压 U、电流 I、电容支路的电流 I_C 和日光灯支路电流 I_{RL}，记入实验表 20‑4 中，验证电压、电流相量关系，观察电容改变时日光灯亮度的变化情况。

实验表 20 - 4　　　　　　　　　　　　改善功率因数测量数据

电容值 (μF)	测量数值						计算值
	$P(W)$	$U(V)$	$I(A)$	$I_C(A)$	$I_{RL}(A)$	$\cos\varphi$	$I'_C(A)$
1							
4.3							
7.5							

五、实验注意事项

(1) 功率表要正确接入电路，电路检查正确后再合上交流电源开始实验。

(2) 线路接线正确，日光灯不能启辉时，应检查启辉器及其接触是否良好。

(3) 本实验用电流插头和插口配合使用测量各支路的电流。

六、预习思考题

(1) 日光灯点亮后启辉器还起作用吗？如果没有启辉器如何点亮日光灯电路？

(2) 日光灯电路可否接在直流 220V 电压下工作？

(3) 在感性负载两端并联电容器，试问电路的总电流是如何变化的，此时感性元件上的电流和功率是否改变？

七、实验报告要求

(1) 完成测量数据表格中的计算，进行必要的误差分析。

(2) 根据实验表 20 - 2 的数据分别计算出不同电阻下 $\dot{U}$ 与 $\dot{I}$ 之间的相位差 φ 的大小？并分析不同电阻下相位差 φ 的变化情况。

(3) 根据实验表 20 - 2 和实验表 20 - 3 的实验数据，分别绘出电压相量图，验证相量形式的基尔霍夫电压定律。

(4) 根据实验表 20 - 4 的实验数据分别绘出对应不同电容值时的电流相量图，验证相量形式的基尔霍夫电流定律，总结电源电压与总电流的相位差变化关系。改变并联电容箱的电容大小时，日光灯的亮度是否发生变化？

(5) 回答预习思考题。

实验二十一　耦合绕组电路的研究

一、实验目的
（1）观察互感现象，分析互感与哪些因素有关。
（2）学会耦合绕组同名端、互感系数 M 的测量方法。

二、实验原理与说明
一个绕组因另一个绕组中的电流变化而产生感应电动势的现象称为互感现象，这两个绕组称为耦合绕组，用互感系数 M（简称互感）来衡量耦合绕组的这种性能。互感的大小不仅与两绕组的几何形状、匝数及导磁材料的导磁性能有关，还与两绕组的相对位置有关。如果将两个绕组按轴线平行放置，则两绕组相距越近，互感越大，反之则越小；若将两绕组按轴线相互垂直放置，则互感接近于零。

1. 判断同名端的方法
同名端标注的原则是：当流过两绕组的电流 i_1 和 i_2 在耦合绕组中产生的磁场彼此增强时，则电流 i_1 和 i_2 流入（或流出）的两个端钮称为同名端，用一对"·"或"*"、"△"标记。

（1）直流通断法测同名端。如实验图 21-1 所示，当开关 S 闭合瞬间，若毫安表的指针正偏，则可判定 1、3 为同名端；若毫安表的指针反偏，则 1、4 为同名端。

（2）交流三电压法测同名端。如实验图 21-2 所示，将两个绕组 W1 和 W2 的两端（如 2、4 端）串联在一起，在绕组 W1 两端加一个正弦交流低电压，用交流电压表分别测出端电压 U_{12}、U_{34} 和 U_{13}，若 U_{13} 是两个绕组端压之差，则 1、3 为同名端；若 U_{13} 是两绕组端压之和，则 1、4 为同名端。

（3）交流电流法测同名端。如实验图 21-2 所示，将两个绕组 W1 和 W2 的两端串联在一起，在绕组 W1 两端加上正弦交流低电压，保持电压源输出的有效值恒定时，若交流电流表读数较小，则两个绕组为顺向串联，即 1、4 为同名端；若交流电流表读数较大，则两个绕组为反向串联，即 1、3 为同名端。

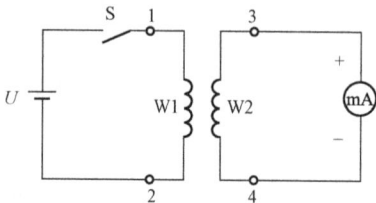

实验图 21-1　直流通断法测同名端

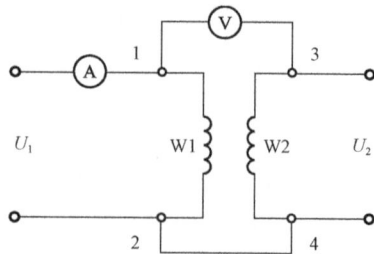

实验图 21-2　交流三电压法测同名端

2. 互感系数 M 的测量方法
（1）互感电压法。在实验图 21-3 电路中，耦合绕组的 W1 侧施加正弦交流低电压 U_1，

测出 I_1 及 U_2。根据互感电动势 $E_2 \approx U_2 = \omega M I_1$，可算得互感系数为 $M = \dfrac{U_2}{\omega I_1}$。

（2）三表顺反向串联法。若两个绕组的内阻不可忽略时，可利用三表法（电压表、电流表和功率表）分别测出两个绕组顺向和反向串联时的等效电感 L' 和 L''，当顺接时 $L' = L_1 + L_2 + 2M$，反接时 $L'' = L_1 + L_2 - 2M$，可推导出 $M = \dfrac{L' - L''}{4}$。

（3）两表顺反向串联法。将两绕组串联加上正弦交流电压 U 并保持不变，分别测出两个绕组顺向和反向串联时的电流 I_1 和 I_2。

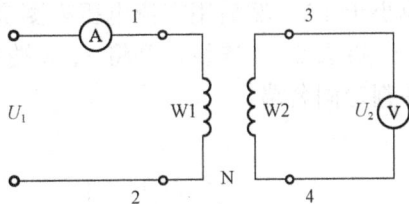

实验图 21-3　互感电压法测互感系数

若两个绕组的内阻很小可以忽略时，则顺向串联时 $\dfrac{U}{I_1} = \omega(L_1 + L_2 + 2M) = \omega L'$。反向串联时 $\dfrac{U}{I_2} = \omega(L_1 + L_2 - 2M) = \omega L''$，则 $M = \dfrac{L' - L''}{4}$。

三、实验设备

实验设备清单见实验表 21-1。

实验表 21-1　　　　　　　　　　**实验设备清单**

名称	型号	规格	数量	编号	备注
自耦调压器			1		
降压变压器			1		
交流电压表		3 位半	1		
交流电流表		3 位半	1		
线圈			2		
铁棒、铝棒			2		
发光二极管			1		
固定电阻		510Ω/1kΩ/8W	2		
导线			若干		

四、实验内容

1. 测定耦合绕组的同名端

（1）直流通断法。实验电路如实验图 21-4 所示，将小绕组 W2 套在大绕组 W1 中，并在小绕组 W2 中插入铁心。U_S 为直流稳压电源，将其调到 1.5V，R 为限流电阻使流过 W1 侧的电流不超过 0.4A，W2 侧直接接入 2mA 量程的毫安表。观察开关断开、闭合瞬间毫安表正反偏情况来判定 W1 和 W2 两个绕组的同名端。

（2）交流三电压法。实验电路如实验图 21-5 所示，将小绕组 W2 套在大绕组 W1 中，并在小绕组 W2 中插入铁心，W1 串接电流表（选 1A 的量程）。检查线路正

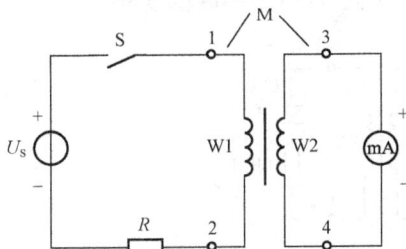

实验图 21-4　直流通断法测量同名端

确后，应首先将自耦调压器调至零位，确认后方可接通交流电源，调节自耦调压器输出使得降压变压器的低压侧的电压为 2V 左右（时刻监视电压表 PV1 的示数），使流过电流表的电流小于 1A，然后用交流电压表测量 U_{12}、U_{34} 和 U_{13} 记录到实验表 21-1 中，并判定同名端。

拆去 2、4 连线，并将 2、3 端相连接，重复上述步骤，将数据记录到实验表 21-2 中，并判定同名端。

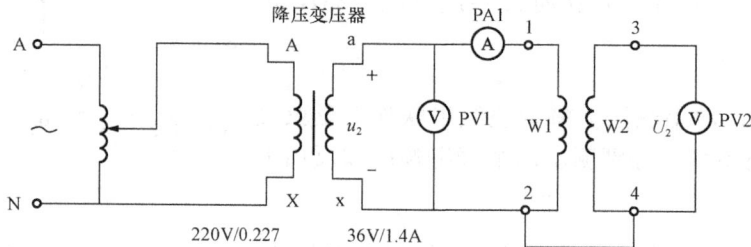

实验图 21-5　交流法测互感绕组的同名端

实验表 21-2　　　　　　　　**交流三电压法测同名端的实验数据**

	$U(V)$	$U_{12}(V)$	$U_{34}(V)$	$U_{13}(V)$	$U_{14}(V)$	同名端
2、4 短接	2V					
2、3 短接	2V					

2. 互感电压法测定两绕组的互感系数 M

在实验图 21-5 电路中，拆去 2、4 连线，将耦合绕组的 W2 开路，首先将自耦调压器调至零位，确认后接通交流电源，调节自耦调压器输出使得降压变压器的低压侧的电压为 2V 左右（时刻监视电压表 PV1 的示数），即在 W1 侧施加 2V 左右的交流电压 U_1，测出 U_1、I_1 和 U_2 记录到实验表 21-3 中，计算出互感 M 的大小。

实验表 21-3　　　　　　　　**互感电压法测量互感系数实验数据**

$U(V)$	$U_1(V)$	$U_2(V)$	$I_1(A)$	$M=?(H)$
2V				

3. 研究影响互感系数大小的因素

在实验图 21-6 电路中，首先将自耦调压器调至零位，确认后接通交流电源，调节自耦调压器输出使得降压变压器的低压侧的电压为 2V 左右（时刻监视电压表 PV1 的示数），即在 W1 侧施加 2V 左右的交流电压 U_1，W2 侧接入 LED 发光二极管与 510Ω 电阻串联的支路。

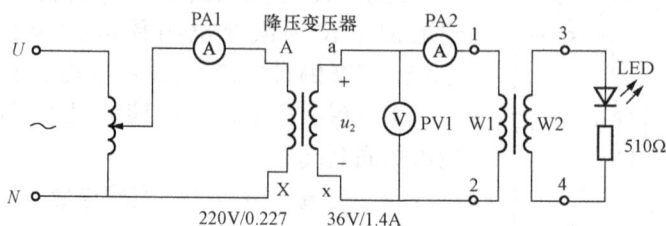

实验图 21-6　观察互感现象实验电路

（1）将铁心慢慢地从两绕组中抽出和插入，观察 LED 发光二极管亮度变化及各电表读数的变化，记录变化现象。

（2）改变两绕组的相对位置，观察 LED 发光二极管亮度及各电表读数的变化，记录变化现象。

（3）改用铝棒替代铁棒，重复步骤（1）、（2），观察 LED 发光二极管亮度变化及各电表读数的变化，记录变化现象。

五、实验注意事项

（1）注意流过绕组 W1 的电流不超过 1.2A，流过绕组 W2 的电流不得超过 0.8A，实验过程中要随时观察电流表的示数，不得超过规定电流值。

（2）测定同名端及其他测量数据的实验中，都应将小绕组 W2 套在大绕组 W1 中，并在小绕组中插入铁棒。

（3）注意降压变压器的一、二次不能接反，接通电源时自耦调压器的旋柄要处在零位；接通电源时要缓慢旋转旋柄使自耦调压器输出端电压不超过所需电压值，并用电压表时刻监测降压变压器的输出端电压。

六、预习思考题

（1）什么是自感？什么是互感？在实验室中如何测定？

（2）互感的大小与哪些因素有关？定性分析各因素对互感是如何影响的？

（3）如何判断两个耦合绕组的同名端？若已知绕组的自感和互感，两个耦合绕组相串联后的总电感与同名端有什么关系？

（4）用直流通断法测同名端时，将开关闭合和断开时判断的结果是否一致？在测同名端时，若把绕组 W2 倒放，同名端是否改变？说明为什么？

七、实验报告要求

（1）根据实验 1 的测量结果判别出耦合绕组的同名端。

（2）根据实验 2 的测量数据，计算互感系数 M。

（3）根据实验 3 的实验现象，分析互感与哪些因素有关。

（4）回答预习思考题。

实验二十二　交流电路频率特性的测定

一、实验目的

（1）研究电阻、感抗、容抗幅频特性与相频特性，测定它们的频率特性曲线。

（2）学会测定交流电路频率特性的方法。

（3）了解滤波器的原理和基本电路。

（4）学习使用信号发生器、频率计和交流毫伏表。

二、实验原理与说明

1. 单个元件阻抗与频率的关系

对于电阻元件，根据 $\dfrac{\dot{U}_R}{\dot{I}_R}=R\angle0°$，其中 $\dfrac{U_R}{I_R}=R$，电阻 R 与频率无关。

对于电感元件，根据 $\dfrac{\dot{U}_L}{\dot{I}_L}=jX_L$，其中 $\dfrac{U_L}{I_L}=X_L=2\pi fL$，感抗 X_L 与频率成正比。

对于电容元件，根据 $\dfrac{\dot{U}_C}{\dot{I}_C}=-jX_C$，其中 $\dfrac{U_C}{I_C}=X_C=\dfrac{1}{2\pi fC}$，容抗 X_C 与频率成反比。

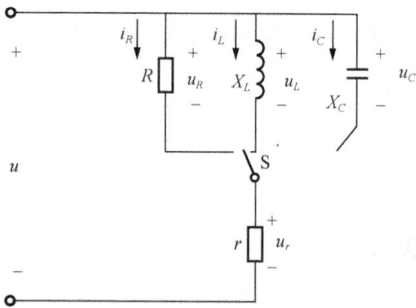

实验图 22 - 1　元件阻抗频率特性测量电路

测量元件阻抗频率特性的电路如实验图 22 - 1 所示。图中的 r 是提供测量回路电流用的标准电阻，流过被测元件的电流（i_R、i_L、i_C）则可由 r 两端的电压 U_r 除以 r 阻值所得，又根据上述三个公式，用被测元件的电流除对应的元件电压，便可得到 R、X_L 和 X_C 的数值。

2. 交流电路的频率特性

由于交流电路中的感抗 X_L 和容抗 X_C 均与频率有关，因而，输入电压（或称激励信号）在有效值不变的情况下，改变频率大小，电路中的电流和各元件电压（或称响应信号）也会发生变化。这种电路响应随频率变化的关系称为频率特性。

若电路的激励信号为 $E_e(j\omega)$，响应信号为 $R_{re}(j\omega)$，则频率特性函数为

$$N(j\omega)=\frac{R_{re}(j\omega)}{E_e(j\omega)}=A(\omega)\angle\varphi(\omega)$$

式中　$A(\omega)$——响应信号与激励信号的大小之比，是 ω 的函数，称为幅频特性；

$\varphi(\omega)$——响应信号与激励信号的相位差角，也是 ω 的函数，称为相频特性。

在本实验中，研究几个典型电路的幅频特性，如实验图 22 - 2 所示。其中，图 22 - 2 (a) 特性允许高频信号通过，称为高通滤波器。图 22 - 2 (b) 特性允许低频信号通过，称为低通滤波器；图中对应 $A=0.707$ 的频率 f_c 称为截止频率，在本实验中用 RC 网络组成的高通滤波器和低通滤波器，它们的截止频率 f_c 均为 $1/2\pi RC$。图 22 - 2 (c) 特性表示在一个频带范围允许信号通过，称为带通滤波器，图中 f_{c1} 称为下限截止频率，f_{c2} 称为上限截止频

率，BW＝$f_{c2}－f_{c1}$称为通频带。

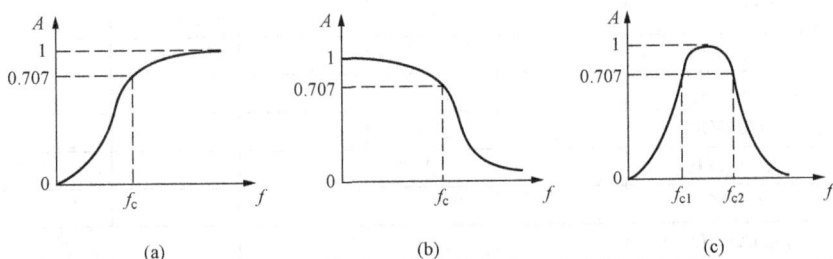

实验图 22 - 2　高通滤波器、低通滤波器、带通滤波器幅频特性曲线

(a) 高通滤波器；(b) 低通滤波器；(c) 带通滤波器

三、实验设备

实验设备清单见实验表 22 - 1。

实验表 22 - 1　　　　　　　　　　**实 验 设 备 清 单**

名称	型号	规格	数量	编号	备注
信号发生器		正弦波输出	1		含频率计
交流数字毫伏表		3 位半/20V	1		
固定电阻		300Ω/1kΩ	2		
电容器		0. 022μF/0.1μF	2		
电感器		15mH	1		
导线			若干		

四、实验任务

1. 测量 R、L、C 元件的阻抗频率特性

实验电路如实验图 22 - 1 所示。图中，$r＝300Ω$，$R＝1kΩ$，$L＝15mH$，$C＝0.022μF$。选择信号源正弦波输出作为输入电压 u，调节信号源输出电压幅值，并用交流毫伏表测量，使输入电压 u 的有效值 $U＝2V$，并保持不变。

用导线分别接通 R、L、C 这三个元件，调节信号源的输出频率，从 1kHz 逐渐增至 20kHz（用频率计测量），用交流毫伏表分别测量 U_R、U_L、U_C 和 U_r，将实验数据记入实验表 22 - 2 中，并通过计算得到各频率点的 R、X_L 和 X_C。

2. 高通滤波器的频率特性

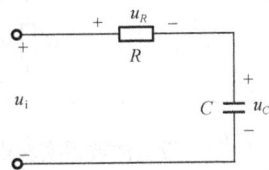

实验图 22 - 3　高通滤波器实验电路

实验电路如实验图 22 - 3 所示。图中，$R＝1kΩ$，$C＝0.022μF$。用信号源输出的正弦波电压作为电路的激励信号（即输入电压）u_i，调节信号源正弦波输出电压幅值，并用交流毫伏表测量，使激励信号 u_i 的有效值 $U_i＝2V$，并保持不变。调节信号源的输出频率，从 1kHz 逐渐增至 20kHz（用频率计测量），用交流毫伏表测量响应信号（即输出电压）U_R，将实验数据记入实验表 22 - 3 中。

实验表 22 - 2　　　　**R、L、C 元件的阻抗频率特性实验数据**

频　率 f(kHz)		1	2	5	10	15	20
R(kΩ)	U_r(V)						
	I_R(mA)=U_r/r						
	U_R(V)						
	$R=U_R/I_R$						
X_L(kΩ)	U_r(V)						
	I_L(mA)=U_r/r						
	U_L(V)						
	$X_L=U_L/I_L$						
X_C(kΩ)	U_r(V)						
	I_C(mA)=U_r/r						
	U_C(V)						
	$X_C=U_C/I_C$						

3. 低通滤波器频率特性

实验电路和步骤同实验 2，只是响应信号（即输出电压）取自电容两端电压 U_C，将实验数据记入实验表 22 - 3 中。

实验表 22 - 3　　　　**频 率 特 性 实 验 数 据**

f(kHz)	1	3	6	8	10	15	20
U_R(V)							
U_C(V)							
U_o(V)							

4. 带通滤波器频率特性

实验电路如实验图 22 - 4 所示。图中，$R=1$kΩ，$L=15$mH，$C=0.1\mu$F。实验步骤同实验 2，响应信号（即输出电压）取自电阻两端电压 U_o，将实验数据记入实验表 22 - 3 中。

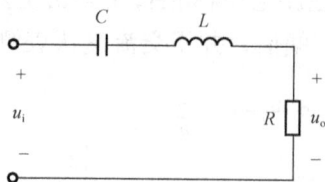

实验图 22 - 4　带通滤波器实验电路

五、实验注意事项

（1）交流毫伏表属于高阻抗电表，测量前必须先调零。

（2）测量时交流毫伏表的"－"端应靠近信号源的"－"端。

六、预习思考题

（1）如何用交流毫伏表测量电阻 R、感抗 X_L 和容抗 X_C？它们的大小与频率有何关系？

（2）什么是频率特性？高通滤波器、低通滤波器和带通滤波器的幅频特性有何特点？如何测量？

七、实验报告要求

（1）根据实验表 22 - 2 中的实验数据，在方格纸上绘制 R、X_L、X_C 与频率关系的特性曲线，并分析它们与频率的关系。

（2）根据实验表 22 - 2 中的实验数据，定性画出 R、L、C 串联电路的阻抗与频率关系的特性曲线，并分析阻抗与频率的关系。

（3）根据实验表 22 - 3 中的实验数据，在方格纸上绘制高通滤波器和低通滤波器的幅频特性曲线，从曲线上：①求得截止频率 f_c，并与计算值相比较；②说明它们各具有什么特点。

（4）根据实验表 22 - 3 中的实验数据，在方格纸上绘制带通滤波器的幅频特性曲线，从曲线上求得截止频率 f_{c1} 和 f_{c2}，并计算通频带 BW。

实验二十三　RC 网络频率特性和选频特性的研究

一、实验目的
（1）研究 RC 串并联电路及 RC 双 T 电路的频率特性。
（2）学会用交流毫伏表和示波器测定 RC 网络的幅频特性和相频特性。
（3）熟悉文氏电桥电路的结构特点及选频特性。

二、实验原理与说明
RC 串并联电路如实验图 23 - 1 所示，其频率特性为

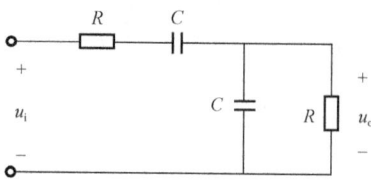

$$N(\mathrm{j}\omega) = \frac{\dot{U}_\mathrm{o}}{\dot{U}_\mathrm{i}} = \frac{1}{3 + \mathrm{j}\left(\omega RC - \dfrac{1}{\omega RC}\right)}$$

其中幅频特性为

$$A(\omega) = \frac{U_\mathrm{o}}{U_\mathrm{i}} = \frac{1}{\sqrt{3^2 + \left(\omega RC - \dfrac{1}{\omega RC}\right)^2}}$$

实验图 23 - 1　串并联电路

相频特性为

$$\varphi(\omega) = \varphi_\mathrm{o} - \varphi_\mathrm{i} = -\arctan\frac{\omega RC - \dfrac{1}{\omega RC}}{3}$$

幅频特性和相频特性曲线如实验图 23 - 2 所示，幅频特性呈带通特性。

当角频率 $\omega = \dfrac{1}{RC}$ 时，$A(\omega) = \dfrac{1}{3}$，$\varphi(\omega) = 0°$，u_o 与 u_i 同相，此时称电路发生谐振，谐振频率 $f_0 = \dfrac{1}{2\pi RC}$。也就是说，当信号频率为 f_0 时，RC 串并联电路的输出电压 u_o 与输入电压 u_i 同相，其大小是输入电压的 1/3，这一特性称为 RC 串并联电路的选频特性，该电路又称为文氏电桥。

测量频率特性用"逐点描绘法"。实验图 23 - 3 表明用交流毫伏表和双踪示波器测量 RC 网络频率特性的测试图。在图中：①测量幅频特性。保持信号源输出电压（即 RC 网络输入电压）U_i 恒定，改变频率 f，用交流毫伏表监视 U_i，并测量对应的 RC 网络输出电压 U_o，计算出它们的比值 $A = U_\mathrm{o}/U_\mathrm{i}$，然后逐点描绘出幅频特性。②测量相频特性。保持信号源输出电压（即 RC 网络输入电压）U_i 恒定，改变频率 f，用交流毫伏表监视 U_i，用双踪示波器观察 u_o 与 u_i 波形，如实验图 23 - 4 所示；若两个波形的延时为 Δt，周期为 T，则它们的相位差 $\varphi = \dfrac{\Delta t}{T} \times 360°$，然后逐点描绘出相频特性。

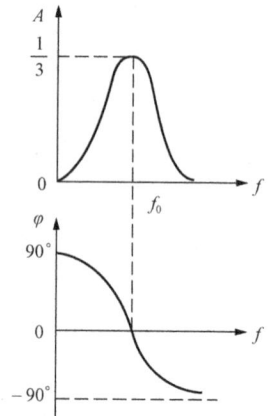

实验图 23 - 2　串并联
电路的幅频与相频
特性曲线

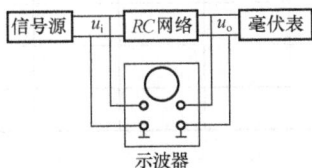

实验图 23 - 3　频率特性测量电路

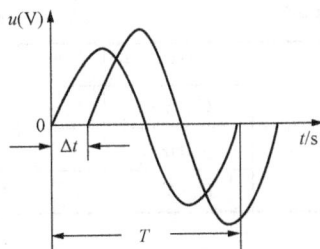

实验图 23 - 4　相差测量

用同样方法可以测量 *RC* 双 T 电路的幅频特性，*RC* 双 T 电路如实验图 23 - 5 所示，其幅频特性具有带阻特性，如实验图 23 - 6 所示。

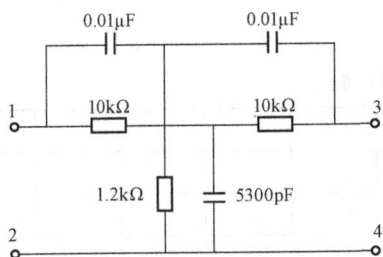

实验图 23 - 5　*RC* 双 T 电路

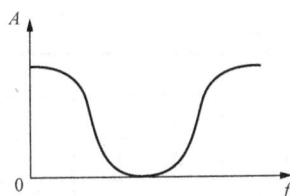

实验图 23 - 6　*RC* 双 T 电路幅频特性曲线

三、实验设备

实验设备清单见实验表 23 - 1。

实验表 23 - 1　　　　　　　　　　**实 验 设 备 清 单**

名称	型号	规格	数量	编号	备注
信号发生器		正弦波输出	1		含频率计
交流数字毫伏表		3 位半/20V	1		
双踪示波器			1		
RC 网络			1		
导线			若干		

四、实验任务

1. 测量 *RC* 串、并联电路的幅频特性

实验电路如实验图 23 - 3 所示。其中，*RC* 网络的参数选择为 $R = 2\text{k}\Omega$，$C = 0.22\mu\text{F}$，信号源输出正弦波电压作为电路的输入电压 u_i，调节信号源输出电压幅值，使 $U_i = 2\text{V}$。

改变信号源正弦波输出电压的频率 f（由频率计读得），并保持 $U_i = 2\text{V}$ 不变（用交流毫伏表监视），测量输出电压 U_o（可先测量 $A = 1/3$ 时的频率 f_0，然后再在 f_0 左右选几个频率点测量 U_o），将数据记入实验表 23 - 2 中。

在实验图 23 - 3 的 *RC* 网络中，选取另一组参数 $R = 200\Omega$，$C = 2\mu\text{F}$，重复上述测量，将数据记入实验表 23 - 2 中。

实验表 23-2 幅 频 特 性 数 据

$R=2k\Omega$ $C=0.22\mu F$	$f(Hz)$								
	$U_o(V)$								
$R=200\Omega$ $C=2\mu F$	$f(Hz)$								
	$U_o(V)$								

2. 测量 RC 串、并联电路的相频特性

实验电路如实验图 23-3 所示，按实验原理中测量相频特性的说明，实验步骤同实验 1，将实验数据记入实验表 23-3 中。

3. 测定 RC 双 T 电路的幅频特性

实验电路如实验图 23-3 所示，其中 RC 网络按实验图 23-5 连接，实验步骤同实验 1，将实验数据记入自拟的数据表格中。

实验表 23-3 相 频 特 性 数 据

$R=2k\Omega$ $C=0.22\mu F$	$f(Hz)$								
	$T(ms)$								
	$\Delta t(ms)$								
	φ								
$R=200\Omega$ $C=2\mu F$	$f(Hz)$								
	$T(ms)$								
	$\Delta t(ms)$								
	φ								

五、实验注意事项

由于信号源内阻的影响，注意在调节信号源输出电压频率时，应同时检测和调节输出电压大小，使输入到实验电路的电压保持不变。

六、预习思考题

（1）根据电路参数，估算 RC 串并联电路两组参数时的谐振频率。

（2）推导 RC 串并联电路的幅频、相频特性的数学表达式。

（3）什么是 RC 串并联电路的选频特性？当频率等于谐振频率时，电路的输出、输入有何关系？

（4）试定性分析 RC 双 T 电路的幅频特性。

七、实验报告要求

（1）根据实验表 23-2 和实验表 23-3 中的实验数据，绘制 RC 串并联电路的两组幅频特性和相频特性曲线，找出谐振频率和幅频特性的最大值，并与理论计算值比较。

（2）设计一个谐振频率为 1kHz 文氏电桥电路，说明它的选频特性。

（3）根据实验 3 的实验数据，绘制 RC 双 T 电路的幅频特性，并说明幅频特性的特点。

实验二十四　*R*、*L*、*C*串联谐振电路的研究

一、实验目的

（1）掌握串联谐振电路的特点，了解电路谐振频率、品质因数 *Q* 和通频带的含义及其测定方法。

（2）学习用实验方法绘制 *R*、*L*、*C* 串联电路不同 *Q* 值下的幅频特性曲线。

（3）熟练信号源、频率计和交流毫伏表的使用。

二、实验原理与说明

1. 串联谐振条件

图 24-1 所示的 *R*、*L*、*C* 串联电路中，电路复阻抗 $Z = R + \mathrm{j}\left(\omega L - \dfrac{1}{\omega C}\right)$。当 $\omega L = \dfrac{1}{\omega C}$ 时，$|Z| = R$，$\dot{U}$ 与 $\dot{I}$ 同相位，电路发生串联谐振。

发生串联谐振条件是

$$\omega L = \frac{1}{\omega C}$$

则谐振角频率

$$\omega_0 = \frac{1}{\sqrt{LC}}$$

谐振频率

$$f_0 = \frac{1}{2\pi\sqrt{LC}}$$

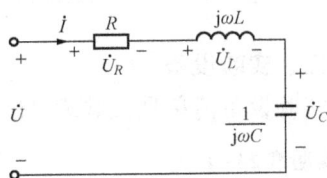

实验图 24-1　*R*、*L*、*C* 串联谐振电路

2. 串联谐振特点

电路发生串联谐振时，电路的复阻抗为最小值，即

$Z = R + \mathrm{j}\left(\omega_0 L - \dfrac{1}{\omega_0 C}\right) = R$，电路呈现纯阻性，电压和电流同相位且电流为最大值。通常可用安培表（或用伏特表测 U_R）来指示电路是否达到谐振状态。

3. 品质因数 *Q* 及频率特性

电路发生串联谐振时

$$U_R = U;\ U_L = U_C = QU$$

Q 为品质因数，也可写为 $Q = \dfrac{U_L}{U} = \dfrac{U_C}{U} = \dfrac{1}{R}\sqrt{\dfrac{L}{C}}$

Q 与电路的参数 *R*、*L*、*C* 有关，电阻越小，*Q* 值就越大。*Q* 值越大，幅频特性曲线越尖锐，通频带越窄，电路的选择性越好。实际广播、通信电路的 *Q* 值可达 200～500，甚至更高。当 $Q \gg 1$ 时，会在电感和电容两端出现大大高于外施电压 *U* 的高电压，称为过电压现象。这种现象往往会造成元件损坏。但这种高电压通常只出现在谐振频率附近一个很小的范围内，偏离这个范围 U_L 和 U_C 急剧下降。在电力系统中应该避免出现谐振现象，而无线电电路中，却常利用谐振提高微弱信号的幅值。例如，收音机的天线回路就是一个串联谐振

电路。

在 R、L、C 串联电路中，电压、电流、输入阻抗和幅角、电抗等与频率的关系称为频率特性，而电流 I、电压 U_L、电压 U_C 等与频率的关系称为谐振曲线。

图 24-1 电路中，若 $\dot{U}$ 为激励信号，$\dot{U}_R$ 为响应信号，其幅频特性曲线如图 24-2 所示。在 $f=f_0$ 时，$A=1$，$U_R=U$；$f \neq f_0$ 时，$U_R < U$，呈带通特性。当 $A=0.707$ 时，即 $U_R=0.707U$ 时所对应的两个频率 f_L 和 f_H 为下限频率和上限频率，f_H-f_L 为通频带。通频带的宽窄与电阻 R 有关，不同电阻值的幅频特性曲线如图 24-3 所示。

在本实验中用交流毫伏表测量不同频率下的电压 U、U_R、U_C 与 U_L，绘制 R、L、C 串联电路的幅频特性曲线，并根据 $\Delta f=f_H-f_L$ 计算出通频带，根据 $Q=\dfrac{U_L}{U}=\dfrac{U_C}{U}$ 或 $Q=\dfrac{f_0}{f_H-f_L}$ 计算出品质因数。

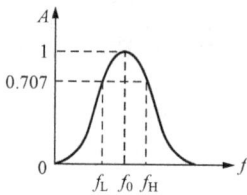

实验图 24-2　幅频特性曲线　　　　　实验图 24-3　不同电阻值的幅频特性曲线

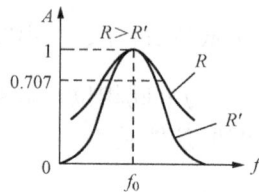

三、实验设备

实验设备清单见实验表 24-1。

实验表 24-1　　　　　　　　　实 验 设 备 清 单

名称	型号	规格	数量	编号	备注
信号发生器		正弦波输出	1		含频率计
交流数字毫伏表		3 位半/20V	1		
双踪示波器			1		
固定电阻		51Ω/100Ω	2		
电容器		0.1μF	1		
电感器		15mH	1		
导线			若干		

四、实验内容

1. 测量 R、L、C 串联电路谐振频率

电路如图 24-4 所示，选取 $C=0.1\mu F$，$L=15mH$；u_S 为正弦波输出信号，调节信号源正弦波输出电压为有效值 1.9V（用交流毫伏表测量），并保持不变，用示波器监测。

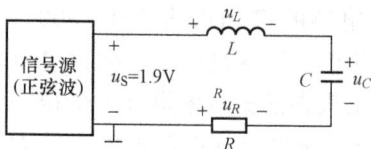

确定电路谐振频率 f_0 的方法：将毫伏表接在电阻 R 两端，调节信号源的正弦波输出电压频率由小逐渐变大（注意要维持信号源的输出电压 1.9V 不

实验图 24-4　R、L、C 串联谐振实验电路

变），用交流毫伏表测量电阻 R 两端电压 U_R。当 U_R 的读数为最大时，读得频率计上的频率值即为电路的谐振频率 f_0，并测量此时的 U_R、U_C 与 U_L 的值（注意及时更换毫伏表的量限），记入数据表格中间的位置。

2. 测量 R、L、C 串联电路的幅频特性

图 24 - 4 中的电阻 R 为 51Ω，应先测出谐振点，再在其两侧测出电路中电容电压 U_C 与电感电压 U_L 的极值点。将毫伏表分别接在电容 C（0.1μF）和电感 L（15mH）两端，调节信号源的频率，用交流毫伏表分别测量电容 C 和电感 L 两端电压 U_C 与 U_L。当 U_C 或 U_L 的读数为最大时，读得频率计上的频率值分别记录下对应的频率 f_C 和 f_L 值，并测量对应的 U_R、U_C 与 U_L 的值（注意及时更换毫伏表的量限），记录在表格中谐振点两侧的格中。

依据表 24 - 2 中的频率 f_C 和 f_L 两侧再按频率递减或递增顺序依次各取 5 个测量点，逐点测出 U_R、U_C 与 U_L 的值，记入数据实验表 24 - 2 中。

实验表 24 - 2   **R、L、C 串联电路（$R=51\Omega$ 时）幅频特性实验测量数据**

f（kHz）					f_C	f_0	f_L				
U_R（V）											
U_C（V）											
U_L（V）											

3. 改变图 24 - 4 中的电阻值（R 为 100Ω），重复实验 1、2 的测量过程，将幅频特性测量数据记入数据实验表 24 - 3 中。

实验表 24 - 3   **R、L、C 串联电路（$R=100\Omega$ 时）幅频特性实验测量数据**

f（kHz）					f_C	f_0	f_L				
U_R（V）											
U_C（V）											
U_L（V）											

五、实验注意事项

（1）测试的频率点应选择在靠近谐振频率附近和 U_C 与 U_L 极值点附近多选取几点，实验过程中注意维持信号源正弦波输出电压 1.9V 不变。

（2）在测量中注意及时更换毫伏表的量程，在测量 U_C 和 U_L 数值前，应将毫伏表的量限增大约 10 倍，而且在测量 U_R、U_C 和 U_L 时毫伏表的"＋"端应接在靠近信号源的"＋"端，毫伏表的"－"端应接在靠近信号源的"－"端。

六、预习思考题

（1）根据实验 1、3 的元件参数值，估算电路的谐振频率，自拟测量谐振频率的数据表格。

（2）串联谐振时有什么特点？改变电路的哪些参数可以使电路发生谐振，电路中电阻 R 的大小是否对谐振频率有影响？

（3）如何判别电路是否发生谐振？测试谐振点的方案有哪些？

（4）电路发生串联谐振时，为什么输入电压 u_S 不能太大？如果信号源给出 2V 的电压，

电路谐振时，用交流毫伏表测 U_C 与 U_L，应该选择用多大的量限？为什么？

（5）要提高 RLC 串联电路的品质因数，电路参数应如何改变？

七、实验报告要求

（1）电路谐振时，比较输出电压 U_R 与输入电压 u_S 是否相等？U_C 与 U_L 是否相等？试分析原因。

（2）根据数据实验表 24-2 和表 24-3 的实验数据，分别绘出不同电阻值下的三条幅频特性曲线 $U_R = f_R(f)$，$U_C = f_C(f)$，$U_L = f_L(f)$，验证 Q 值对曲线的影响。

（3）根据实验数据计算出通频带与 Q 值，与理论计算值进行比较，分析误差原因；并说明不同电阻值时对电路通频带与品质因数的影响。

（4）回答预习思考题。

实验二十五　三相电路电压、电流的测量

一、实验目的

(1) 学习三相负载的星形联结和三角形联结方法。

(2) 加深理解三相电路线电压与相电压，线电流与相电流之间的关系。

(3) 了解三相四线制供电系统中的中性线作用。

(4) 学会使用相序器测量电源相序的方法。

二、实验原理与说明

三相负载端线 A、B、C 分别接至三相电源的端线 A、B、C，而负载中性点 N′ 与电源中性点 N 相连接，这种用 4 根导线把三相电源和三相负载连接起来的三相电路称为三相四线制电路；如果负载中性点 N′ 与电源中性点 N 无导线相连，则称为三相三线制电路。

1. 三相星形负载

对称三相负载作星形（又称Y形）联结时，线电压 U_L 是相电压 U_P 的 $\sqrt{3}$ 倍，线电流 I_L 等于相电流 I_P，即：$U_L = \sqrt{3} U_P$，$I_L = I_P$，流过中性线的电流 $I_N = 0$。

不对称三相负载作星形联结时，一般采用三相四线制接法，中性线的作用是保证三相不对称负载的每相电压等于电源的相电压，流过中性线的电流为 $\dot{I}_N = \dot{I}_A + \dot{I}_B + \dot{I}_C$。若无中性线，会导致三相负载相电压不对称，致使负载轻（阻抗大）的一相的相电压过高，使单相用电器遭受损坏，负载重（阻抗小）的一相的相电压又过低，使单相用电器不能正常工作。

2. 三相三角形负载

对称三相负载作三角形（又称△形）联结时，线电压 U_L 等于相电压 U_P，线电流 I_L 是相电流 I_P 的 $\sqrt{3}$ 倍，而相位滞后于对应的相电流 $30°$，即 $I_L = \sqrt{3} I_P$，$U_L = U_P$。

不对称三相负载作三角形联结时，则线电流和相电流之间不满足上述电流关系，即不满足 $I_L \neq \sqrt{3} I_P$ 的关系。

但是负载作三角形联结时，不论三相负载是否对称，总有 $\dot{I}_A + \dot{I}_B + \dot{I}_C = 0$，只要电源的线电压 U_L 对称，三相负载上的电压就是对称的，因而对各相负载工作没有影响。

3. 三相电源相序的测定

三相三线制星形不对称负载电路中，因中性点位移，各相负载电压不对称，利用这一特点可以作成一种电路，以判别相序。相序器如实验图 25-1 所示，星形负载一相接电容器，另外两相接瓦数相同的白炽灯。适当选择电容器 C 值，可使两个灯泡的亮度有明显的差别，则灯泡较亮的一相在相位上超前灯泡较暗的一相，而滞后于接电容的一相。即如果设接电容的一相为 A 相，则灯泡较亮一相为 B 相，较暗的一相为 C 相。

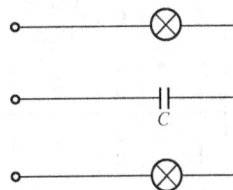

实验图 25-1　相序器

三、实验设备

实验设备清单见实验表 25-1。

实验表 25-1　　　　　　　　实 验 设 备 清 单

名称	型号	规格	数量	编号	备注
三相调压器			1		
交流电压表		3位半/300V	1		
交流电流表		3位半/1A	1		
三相白炽灯箱		220V/25W	1		
交流电流插头			1		
导线			若干		

四、实验内容

1. 三相负载星形联结（三相四线制供电）

实验电路如实验图 25-2 所示，将白炽灯按图所示连接成星形接法。三相交流电源经三相调压器向三相负载输出电压，首先将三相调压器的旋钮置于三相电压输出为零的位置（即逆时针旋到底的位置），检查正确后再合上交流电源按钮，旋转三相调压器旋钮，调节其输出的线电压为 220V。测量相电压，并记录测量数据。

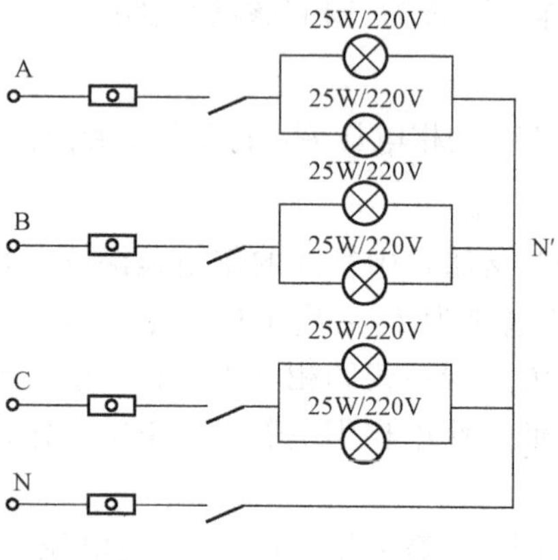

（1）三相负载对称时，依据实验表 25-2 给出负载每相灯的情况，测量有中性线和无中性线的情况下各相电压、线电压、中性线电压和各相电流、中性线电流，将测量数据记入实验表 25-2 中，并记录各灯的亮度。

（2）三相负载不对称时，依据实验表 25-1 改变负载每相灯的情况，测量的有中性线和无中性线的情况下的各相电流、各相电压和电源中性点 N 到负载中性点 N′ 的电压 $U_{NN'}$，将测量数据记入实验表 25-2 中，并记录各相灯的亮度变化。

实验图 25-2　三相负载星形接线电路

实验表 25-2　　　　　　　　负载星形联结实验测量数据

实验内容	A	B	C	中性线情况	负载线电压（V）U_{AB}	U_{BC}	U_{CA}	负载相电压（V）U_A	U_B	U_C	$U_{NN'}$(V)	负载相电流（A）I_A	I_B	I_C	$I_{NN'}$(A)
					(V)	(V)	(V)	(V)	(V)	(V)		(A)	(A)	(A)	
负载对称	2并	2并	2并	有											
	2并	2并	2并	无											
负载不对称	2串	2并	2并	有											
	2串	2并	2并	无											
	断开	2并	2并	有											

待测量值 实验内容				负载线电压（V）			负载相电压（V）			$U_{NN'}$（V）	负载相电流（A）			$I_{NN'}$（A）
				U_{AB}	U_{BC}	U_{CA}	U_A	U_B	U_C		I_A	I_B	I_C	
	A	B	C	中性线 情况	(V)	(V)	(V)	(V)	(V)	(V)	(V)	(A)	(A)	(A)	
负载 不对称	断开	2 并	2 并	无											
	短路	2 并	2 并	无											
	并电容	2 并	2 并	无											

注 A 相并电容时要求把 A 相灯断开，可以并 0.22μF 的电容。

2. 三相负载三角形联结（三相三线制供电）

实验电路如实验图 25-3 所示，将白炽灯按图所示联结成三角形接法。调节三相调压器的输出线电压为 220V。依据实验表 25-3 改变负载每相灯的情况，测量三相负载对称和不对称时的各相电流、线电流和各相电压，将测量数据记入实验表 25-3 中，并记录各相灯的亮度变化。

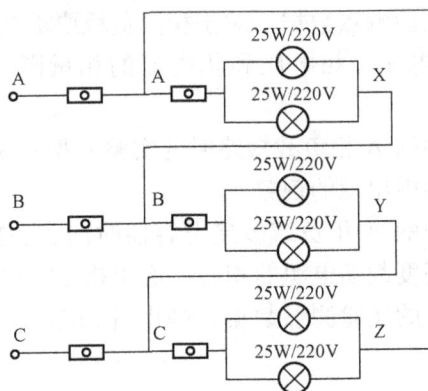

实验图 25-3 三相负载三角形接线电路

实验表 25-3   **负载三角形联结实验测量数据**

负载 情况	每相灯数			负载相电压（V）			负载线电流（A）			负载相电流（A）		
	A-B	B-C	C-A	U_{AB} (V)	U_{BC} (V)	U_{CA} (V)	I_A (A)	I_B (A)	I_C (A)	I_{AB} (A)	I_{BC} (A)	I_{CA} (A)
对称	2并	2并	2并									
不对称	2串	2并	2并									
	断开	2并	2并									

五、实验注意事项

（1）每次接线完毕，同组同学应自查一遍，然后由指导教师检查后，方可接通电源，必须严格遵守先接线，后通电；先断电，后拆线的实验操作规程。

（2）星形负载作短路实验时，必须首先断开中性线，以免发生短路事故。

（3）A 相接电容器测相序的时候，也要断开中性线，且把该相的灯断开，改变电容大小使 B、C 相灯泡有明显的亮度区别。

（4）测量、记录各电压、电流时，注意分清它们是哪一相、哪一线，防止记错。

（5）把负载接成三角形时，不要把线接错，以防造成电源短路。

六、预习思考题

（1）三相对称负载按星形或三角形联结，它们的线电压与相电压、线电流与相电流有何关系？当三相负载不对称时又有什么关系？

（2）三相四线制有什么特点？三相四线制的中性线上能否装熔断器？为什么？

（3）不对称星形、三角形联结的负载，能否正常工作？实验是否能证明这一点？

（4）对于三相纯电阻性负载电路，当有一相负载发生变化时中性点是如何变化的？

（5）分析相序器的相序测量原理，说明判定相序的意义？

七、实验报告要求

（1）根据实验测量数据，当负载为星形联结时，$U_1=\sqrt{3}U_p$ 在什么条件下成立？当为三角形联结时，$I_1=\sqrt{3}I_p$ 在什么条件下成立？

（2）用实验测量数据和观察到的现象，总结三相四线制供电系统中中性线的作用。

（3）根据实验表 25-2 实验测量数据，对于相同负载要求在同一方格纸上画出有中性线和无中性线两种情况下各线电压、相电压和相电流的相量图，并验证实验测量数据的正确性。

（4）根据实验表 25-2 中的 A 相负载短路时的实验数据，说明各项负载能否正常工作？并画出电路相量图，分析实验中出现的现象。

（5）根据实验表 25-2 中的 A 相负载改接电容器时的实验数据，画出电路相量图，根据实验相序指示器中灯泡的亮度判断电源的相序，说明相序测定原理？

（6）根据实验表 25-3 中的实验测量数据，画出各相电压、相电流和线电流的相量图，并验证实验数据的正确性。

（7）回答预习思考题。

实验二十六 三相电路功率的测量

一、实验目的

（1）学会用一表法、二表法和三表法测量三相电路有功功率的方法。

（2）学习一表法和二表法测量对称三相电路的无功功率的方法。

（3）进一步熟练功率表的接线和使用方法。

二、实验原理与说明

1. 三相电路有功功率的测量方法

在三相电路中，三相负载的有功功率等于各相负载的有功功率之和，即 $P_\Sigma = P_A + P_B + P_C = U_A I_A \cos\varphi_A + U_B I_B \cos\varphi_B + U_C I_C \cos\varphi_C$。

（1）一表法测三相对称电路有功功率。无论是采用三相三线制还是三相四线制的供电方式，负载不论是 Y 联结还是 △ 联结，对于对称三相电路都有 $U_A = U_B = U_C = U_P$，$P_\Sigma = 3 U_P I_P \cos\varphi$，即对称三相电路总的有功功率等于一相有功功率的 3 倍。因而对于三相对称负载，用一个功率表测量即可，这种测量方法称为一表法。接线如实验图 26-1 所示，若功率表的读数为 P_1，则三相总功率 $P_\Sigma = 3P_1$。

（2）二表法测三相三线制电路有功功率。只要电路采用三相三线制的供电方式，不论三相负载对称与否，也不论负载是 Y 联结还是 △ 联结，都可用两个功率表来测量三相负载的有功功率，这种测量方法称为二表法。二表法接线原则为：①两个功率表的电流线圈应分别串联在不同的两相电源线上，同时电流线圈的发电机端（即"＊"端）接在电源侧；②两个功率表的电压线圈的发电机端（即"＊"端）与各自电流线圈"＊"端接在一起，非发电机端（即非"＊"端）共同接到没有接功率表电流线圈的那相电源上。改变功率表的电流线圈所接入的电源相，可以得到二表法的不同接线方式。如实验图 26-2 所示为二表法的一种接线方式。图中功率表 PW1 的电流线圈流过的是电流 $\dot{I}_A$，PW1 电压线圈取的是电压 $\dot{U}_{AC}$；功率表 PW2 的电流线圈流过的是电流 $\dot{I}_B$，PW2 电压线圈取的是电压 $\dot{U}_{BC}$。实验图 26-2 中两只功率表的读数分别为 $P_1 = U_{AC} I_A \cos\varphi_1$，$P_2 = U_{BC} I_B \cos\varphi_2$，式中 φ_1 为电压相量 $\dot{U}_{AC}$ 与电流相量 $\dot{I}_A$ 之间的相位差，φ_2 为电压相量 $\dot{U}_{BC}$ 与电流相量 $\dot{I}_B$ 之间的相位差。可以证明三相总有功

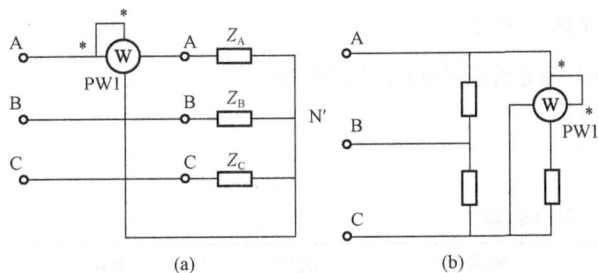

实验图 26-1 一表法测三相对称负载有功功率

（a）三相星形对称负载；（b）三相三角形对称负载

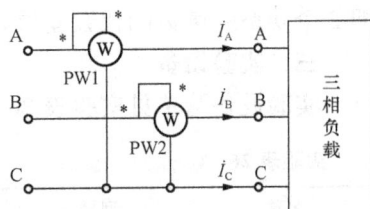

实验图 26-2 二表法测三相
三线制电路功率

功率 $P_\Sigma = U_{AC} I_A \cos\varphi_1 + U_{BC} I_B \cos\varphi_2 = P_1 + P_2$，即两个功率表读数的代数和为三相三线制电路的总有功功率。

如果用二表法测量对称三相负载电路时，则对称负载的功率因数会对功率表的读数有影响，因而要注意以下几点：①两功率表之和代表三相电路的有功功率 P，单个功率表的读数是没有物理意义的；②当负载功率因数 $\cos\varphi > 0.5$，$|\varphi| < 60°$，即两个功率表读数都为正；③当负载为纯电阻，$\varphi = 0$，$P_1 = P_2$，即两个功率表读数相等；④当负载功率因数 $\cos\varphi = 0.5$，$\varphi = \pm 60°$，将有一个功率表的读数为零；⑤当负载功率因数 $\cos\varphi < 0.5$，$|\varphi| > 60°$，则有一个功率表的读数为正值，另一个功率表的读数为负值，该功率表指针将反方向偏转，一般切换功率表的开关使其实际读数为正值，而读数记录为负值。对于数字式功率表将出现负读数。求代数和时注意取负值。

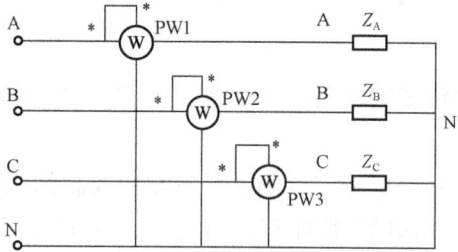

实验图 26 - 3　三表法测三相四线制负载有功功率
则三相功率 $P_\Sigma = P_1 + P_2 + P_3$。

（3）三表法测不对称三相四线制电路有功功率对于三相四线制电路，当三相负载不对称时，三相电路的有功功率只能分别测量，然后把读数相加即可得电路总的有功功率。如果用 3 个功率表分别测量功率，这种测量方法称为三表法。接线电路如实验图 26 - 3 所示，3 个单相功率表的读数为 P_1、P_2、P_3，

2．三相对称电路的无功功率的测量方法

（1）一表法测量三相对称电路的无功功率。用一个功率表可以测量出对称三相电路的无功功率，接线方式如实验图 26 - 4 （a）所示。三相对称电路的无功功率用线电压与线电流可表示为 $Q = \sqrt{3} U_l I_l \sin\varphi$（其中 φ 为负载的阻抗角）。实验图 26 - 4 （a）中功率表 PW1 的电流线圈流过的是电流 $\dot{I}_A$，PW1 电压线圈取的是电压 $\dot{U}_{BC}$。图中功率表的读数为 P_1，式中 φ_1 为电压相量 $\dot{U}_{BC}$ 与电流相量 $\dot{I}_A$ 之间的相位差，可以推导出 $P_1 = U_{BC} I_A \cos\varphi_1 = U_l I_l \sin\varphi$，则三相负载的无功功率 $Q = \sqrt{3} P_1$，即用功率表的读数乘以 $\sqrt{3}$。

（2）二表法测量三相对称电路的无功功率。用两个功率表可以测量出对称三相电路的无功功率，接线方式如实验图 26 - 2 所示。实验图 26 - 2 中 2 只功率表的读数分别为 $P_1 = U_{AC} I_A \cos\varphi_1$，$P_2 = U_{BC} I_B \cos\varphi_2$，可以证明对称三相负载 $P_1 - P_2 = U_{AC} I_A \cos\varphi_1 - U_{BC} I_B \cos\varphi_2 = U_l I_l \sin\varphi = \dfrac{Q}{\sqrt{3}}$，得

$$Q = \sqrt{3}\,(P_1 - P_2)$$

即 2 个功率表读数的代数差乘以 $\sqrt{3}$ 为对称三相三线制电路的总无功功率。

三、实验设备

实验设备清单见实验表 26 - 1。

实验表 26 - 1　实 验 设 备 清 单

名称	型号	规格	数量	编号	备注
三相调压器			1		
交流电压表		3 位半/300V	1		

续表

名称	型号	规格	数量	编号	备注
交流电流表		3位半/1A	1		
功率表		3A/500V	1		
三相白炽灯箱		220V/25W	1		
电容器		250VAC/3.3μF	3		
交流电流插头			1		
导线			若干		

四、实验内容

1. 三相四线制供电，测量三相电路的有功功率

（1）用一表法测量三相对称负载的三相有功功率，实验电路如实验图 26 - 5 所示，负载作星形联结（即 YN 接法）实验接线电路如实验图 26 - 6 所示。线路中的电压表和电流表用以监视电路中的电压和电流，不能超过功率表电压线圈和电流线圈的量程。检查正确后，接通三相电源开关，将调压器的输出由 0 调到线电压 380V，将测量数据记入实验表 26 - 2 中。

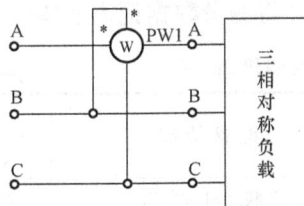

实验图 26 - 4　一表法测三相对称
电路无功功率

实验表 26 - 2　　　　　　　　　**一表法测量三相有功功率的数据**

负载情况	开灯盏数			测量数据	计算值
	A相	B相	C相	P_1 (W)	P_Σ (W)
YN 接对称负载	2并	2并	2并		

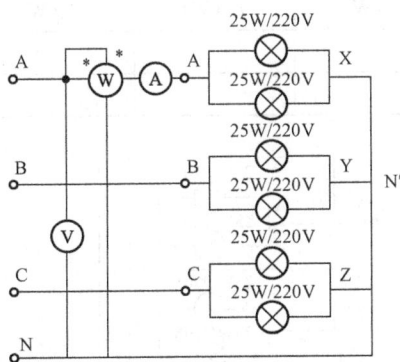

实验图 26 - 5　一表法测量对称负载有功功率

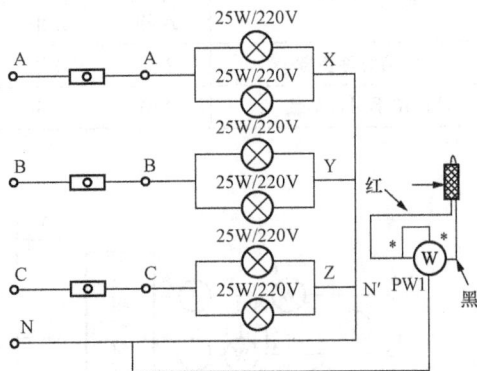

实验图 26 - 6　三表法测量三相四线制电路有功功率

（2）用三表法测量负载星形联结（即 YN 接法）时三相电路的有功功率。本实验用一个功率表实现三表法的测量，实验接线电路如实验图 26 - 5 所示。线路检查正确后，接通三相电源开关，将调压器的输出由 0 调到线电压 220V，然后将电流插头插入某相即测得该相的功率，按实验表 26 - 3 的内容改变负载情况进行测量，并将测量数据记入实验表 26 - 3 中，计算出三相电路总功率 P_Σ。

实验表 26 - 3 　　　　　　　　三表法测量三相有功功率的数据

负载情况	开灯盏数			测量数据			计算值
	A相	B相	C相	P_A（W）	P_B（W）	P_C（W）	P_Σ（W）
YN 接对称负载	2并	2并	2并				
YN 接不对称负载	2串	2并	2并				

2. 三相三线制供电，测量三相电路的有功功率

（1）用二表法测量三相负载 Y 联结的三相有功功率，实验电路如实验图 26 - 7（a）所示，图中"三相白炽灯负载"接线如实验图 26 - 7（b）所示。检查正确后，接通三相电源开关，将调压器的输出由 0 调到线电压 220V，按实验表 26 - 4 的内容改变负载情况进行测量，并将测量数据记入实验表 26 - 4 中，计算出三相电路总功率 P_Σ。

实验表 26 - 4 　　　　　　　二表法测量三相Y联结负载有功功率的数据

负载情况	开灯盏数			测量数据		计算值
	A相	B相	C相	P_1(W)	P_2(W)	P_Σ(W)
Y联结对称负载	2并	2并	2并			
Y联结不对称负载	2串	2并	2并			

（2）实验电路如实验图 26 - 7（a）所示，图中"三相白炽灯负载"接线如图 26 - 7（c）所示。检查正确后，接通三相电源开关，将调压器的输出由 0 调到线电压 220V，按实验表 26 - 5 的内容改变负载情况进行测量，并将测量数据记入实验表 26 - 5 中，计算出三相电路总功率 P_Σ。

实验表 26 - 5 　　　　　　　二表法测量三相△联结负载有功功率的数据

负载情况	开灯盏数			测量数据		计算值
	A相	B相	C相	P_1(W)	P_2(W)	P_Σ(W)
△联结对称负载	2并	2并	2并			
△联结不对称负载	2串	2并	2并			

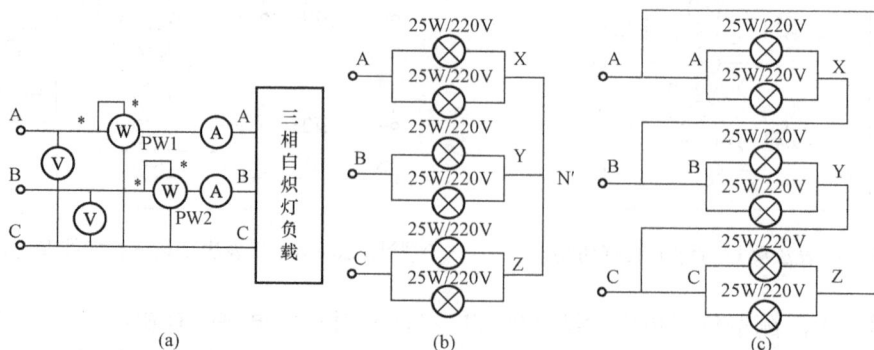

实验图 26 - 7　二表法测量三相三线制负载有功功率
（a）二表法接线原理图；（b）三相负载星形接线电路；（c）三相负载三角形接线电路

3．三相三线制供电，测量三相对称负载的无功功率

（1）用一表法测定三相对称星形负载的无功功率。实验电路如实验图 26 - 8 （a）所示，图中"三相对称负载"如图 26 - 8 （b）所示。每相负载由 2 个白炽灯串联组成，检查接线无误后，接通三相电源，将三相调压器的输出线电压调到 380V，记录电压表、电流表和功率表的示数，将测量数据记入实验表 26 - 6 中。

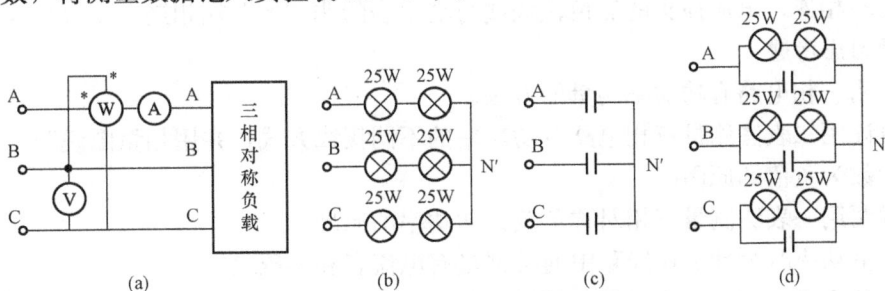

实验图 26 - 8　一表法测量三相三线制负载无功功率
（a）一表法接线原理图；（b）三相纯阻性负载；
（c）三相电容负载；（d）三相容性负载

更换三相负载（改变电路性质），将实验图 26 - 8 （a）中的"三相对称负载"分别按实验图 26 - 8 （c）、实验图 26 - 8 （d）连接。检查接线无误后，接通三相电源，将三相调压器的输出线电压调到 380V，记录电压表、电流表和功率表的示数，将测量数据记入实验表26 - 6 中。

实验表 26 - 6　　　　　　　　　一表法测量三相对称负载无功功率数据

负载情况	测　量　值			计　算　值
	$U(V)$	$I(A)$	$P(var)$	$Q_\Sigma = \sqrt{3}\,P(var)$
三相对称灯组（每相两盏串联）				
三相对称电容（每相 3.3μF）				
上述灯组、电容并联负载				

（2）用二表法测定三相对称星形负载的无功功率。实验电路如实验图 26 - 7 （a）所示，图中"三相白炽灯负载"按实验图 26 - 8 中（b）图连接，每相负载由 2 个白炽灯串联组成，检查接线无误后，接通三相电源，将三相调压器的输出线电压调到 380V，将两功率表的测量数据分别记入实验表 26 - 6 中。

更换三相负载（改变电路性质），将实验图 26 - 7 （a）中的"三相白炽灯负载"分别按实验图 26 - 8 （c）、实验图 26 - 8 （d）连接，检查接线无误后，接通三相电源，将三相调压器的输出线电压调到 380V，将两功率表的测量数据分别记入实验表 26 - 7 中。

实验表 26 - 7　　　　　　　　　二表法测量三相对称负载无功功率数据

负载情况	测　量　值		计　算　值
	$P_1(var)$	$P(var)$	$Q = \sqrt{3}(P_1 - P_2)(var)$
三相对称灯组（每相两盏串联）			
三相对称电容（每相 3.3μF）			
上述灯组、电容并联负载			

五、实验注意事项

（1）每次实验完毕，均需将三相调压器旋钮调回零位，如改变接线，均需断开三相电源，以确保安全。

（2）注意交流电流插头与功率表配合使用的时候，一定要将电流插头的红色接线端与功率表的星花端相连，电流插头的黑色接线端与功率表的非"＊"端相连。

六、预习思考题

（1）说明三相电路有功功率测量的方法。

（2）设计用二表法测量三相电路有功功率的不同接线方式，并用相量图说明二表法测功率时出现读数为负值的原因。

（3）说明用一表法测量三相对称负载无功功率的原理。

（4）测量功率时为什么在线路中通常都接有电流表和电压表？

（5）为什么有的实验需将三相电源线电压调到 380V，而有的实验三相电源线电压要调到 220V？

七、实验报告要求

（1）根据实验表 26-3 和实验表 26-4 测量数据，计算对称与不对称三相电路中的总功率，并与理论计算结果相比较，分析误差原因。

（2）根据实验表 26-5 的测量数据，总结负载无功功率什么情况下为零？什么情况下不为零？为什么？

（3）根据对阻性负载和容性负载无功功率的测量，总结其结论。

（4）回答预习思考题。

实验二十七　功率因数表的使用及相序测量

一、实验目的

(1) 掌握三相交流电路相序的测量原理和方法。

(2) 熟悉功率因数表的使用方法，理解负载性质对功率因数的影响。

(3) 分析伏安瓦计法测功率因数和用功率因数表测功率因数的误差原因。

二、实验原理与说明

1. 相序指示器

相序指示器如实验图 27 - 1 所示，它是由一个电容器和两个白炽灯按星形连接的电路，用来指示三相电源的相序。

在实验图 27 - 1 电路中，设 $\dot{U}_A$、$\dot{U}_B$、$\dot{U}_C$ 为对称三相电源的相电压，则中性点电压

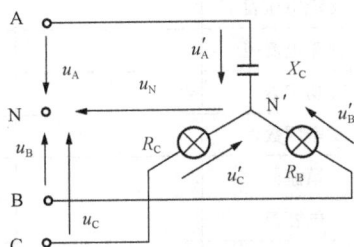

实验图 27 - 1　相序指示器电路

$$\dot{U}_N=\frac{\dfrac{\dot{U}_A}{-jX_C}+\dfrac{\dot{U}_B}{R_B}+\dfrac{\dot{U}_C}{R_C}}{\dfrac{1}{-jX_C}+\dfrac{1}{R_B}+\dfrac{1}{R_C}}$$

设 $X_C = R_B = R_C$，$\dot{U}_A = U_P\angle0° = U_P$，代入上式

得 $\dot{U}_N =(0.632\angle108.4°)U_P$

则 $\dot{U}'_B = \dot{U}_B - \dot{U}_N = (1.496\angle-101.6°)U_P$　　　　$U'_B = 1.49U_P$

$\dot{U}'_C = \dot{U}_C - \dot{U}_N = (0.4\angle-138.4°)U_P$　　　　$U'_C = 0.4U_P$

可见，$U'_B > U'_C$，B 相的白炽灯比 C 相的亮。

综上所述，用相序指示器指示三相电源相序的方法是：如果连接电容器的一相是 A 相，那么白炽灯较亮的一相是 B 相，较暗的一相是 C 相。

2. 负载的功率因数

在实验图 27 - 2 （a）电路中，负载的有功功率 $P = UI\cos\varphi$，其中 $\cos\varphi$ 为功率因数，功率因数角

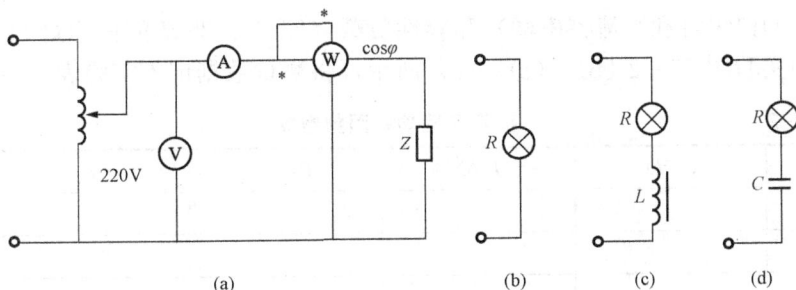

实验图 27 - 2　功率因数测量电路

(a) 测功率因数接线图；(b) 阻性负载；

(c) 感性负载；(d) 容性负载

$$\varphi = \arctan \frac{X_L - X_C}{R}$$

且 $\qquad\qquad -90° \leqslant \varphi \leqslant 90°$

当 $X_L > X_C$ 时，$\varphi > 0$，$\cos\varphi > 0$，为感性负载。

当 $X_L < X_C$ 时，$\varphi < 0$，$\cos\varphi > 0$，为容性负载。

当 $X_L = X_C$ 时，$\varphi = 0$，$\cos\varphi = 1$，为电阻性负载。

可见，功率因数的大小和性质由负载参数的大小和性质决定。

三、实验设备

实验设备清单见实验表 27 - 1。

实验表 27 - 1 　　　　　　　　　　**实 验 设 备 清 单**

名称	型号	规格	数量	编号	备注
三相调压器			1		
交流电压表		3 位半/300V	1		
交流电流表		3 位半/1A	1		
功率表		3A/500V	1		
功率因数表			1		
镇流器			1		
电容箱		250V	1		
白炽灯		25W/220V	若干		
导线			若干		

四、实验任务

1. 测定三相电源的相序

（1）按实验图 27 - 1 接线。图中，$C = 2.5\mu F$，R_B、R_C 为两个 220V、25W 的白炽灯。调节三相调压器，输出线电压为 220V 的三相交流电压，测量电容器、白炽灯和中性点电压 U_N，观察灯光明亮状态，作好记录。设电容器一相为 A 相，试判断 B、C 相。

（2）将电源线任意调换两相后，再接入电路，重复步骤（1），并判断三相电源的相序。

2. 负载功率因数的测定

按实验图 27 - 2（a）接线，阻抗 Z 分别用电阻（220V、25W 的白炽灯）、感性负载（220V、25W 的白炽灯和镇流器串联）和容性负载（220V、25W 的白炽灯和 4.7μF 电容串联）代替，如实验图 27 - 2（b）、（c）、（d）所示，将测量数据记入实验表 27 - 2 中。

实验表 27 - 2 　　　　　　　　　　**测定负载功率因数数据**

负载情况	$U(V)$	$I(A)$	$P(W)$	$\cos\varphi$	负载性质
电阻					
感性负载					
容性负载					

五、实验注意事项

（1）每次改接线路都必须先断开电源。

（2）功率表和功率因数表实验板内部已连在一起，实验中只连接功率表即可。

六、预习思考题

（1）在实验图 27-1 电路中，已知电源线电压为 220V，试计算电容器和白炽灯的电压。

（2）什么是负载的功率因数？它的大小和性质由什么决定？

（3）测量负载的功率因数有几种方法？如何测量？

七、实验报告要求

（1）根据实验 1 的实验数据和现象，简述相序指示器的相序检测原理。

（2）根据实验表 27-2 中电压、电流、功率三表测量的数据，计算出功率因数 $\cos\varphi$，并与功率因数表的读数比较，分析误差原因。

（3）根据实验表 27-2 的数据，分析负载性质对功率因数 $\cos\varphi$ 的影响。

实验二十八   负阻抗变换器

一、实验目的

（1）加深对负阻抗概念的认识，掌握对含有负阻抗器件电路的分析方法。

（2）了解负阻抗变换器的组成原理及其应用。

（3）掌握负阻抗变换器的各种测试方法。

二、实验原理与说明

负阻抗是电路理论中的一个重要的基本概念，在工程实践中也有广泛的应用。负阻可以由某些非线性元件产生，如隧道二极管在某个电压或电流的范围内具有负阻特性。但一般情况下，负阻都是由一个有源双口网络来实现，称作负阻抗变换器，该网络由线性集成电路或晶体管等元件组成。

按有源网络端口电压电流关系，负阻变换器可分为电流倒置型（INIC）和电压倒置型（VNIC）两种，电路模型如实验图 28-1（a）、（b）所示。

在理想情况下，其电压、电流关系如下：

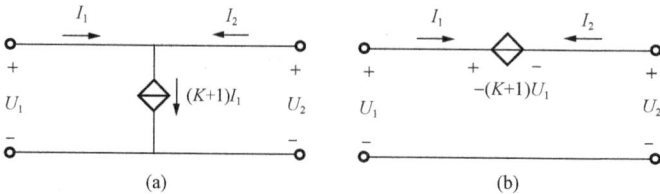

实验图 28-1   负阻抗变换电路

（a）电流倒置型（INIC）；（b）电压倒置型

对于 INIC 型 $U_2 = U_1$；$I_2 = K_1 I_1$ （K_1 为电流增益）

对于 VNIC 型 $U_2 = -K_2 U_1$；$I_2 = -I_1$ （K_2 为电压增益）

如果在 INIC 的输出端接上负载阻抗 Z_L，如实验图 28-2 所示，则它的输入阻抗 Z_i 为

$$Z_i = \frac{U_1}{I_1} = \frac{U_2}{I_2/K_1} = \frac{K_1 U_2}{I_2} = -K_1 Z_L$$

即输入阻抗 Z_i 为负载阻抗 Z_L 的 K_1 倍，且为负值，呈负阻特性。

本实验用线性运算放大器组成如实验图 28-3 所示的电路，在一定的电压、电流范围内可获得良好的线性度。

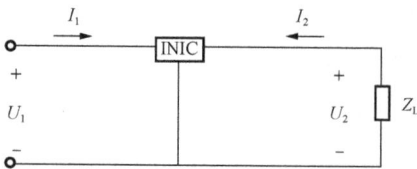

实验图 28-2   INIC 负阻抗变换器

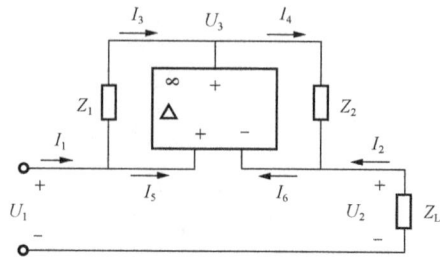

实验图 28-3   INIC 型负阻抗变换器电路

根据运放理论可知

$$U_1 = U_+ = U_- = U_2$$

又

$$I_5 = I_6 = 0$$

得

$$I_1 = I_3, \ I_2 = -I_4$$

$$I_4 Z_2 = -I_3 Z_1$$

$$-I_2 Z_2 = -I_3 Z_1$$

因此有

$$\frac{U_2}{Z_L} Z_2 = -I_1 Z_1$$

$$\frac{U_2}{I_1} = \frac{U_1}{I_1} = Z_i = -\frac{Z_1}{Z_2} Z_L = -K Z_L$$

可见，该电路属于电流倒置型（INIC）负阻抗变换器，输入阻抗 Z_i 等于负载阻抗 Z_L 乘以 K 倍。

负阻抗变换器具有十分广泛的应用，例如可以用来实现阻抗变换；

假设 $Z_1 = R_1 = 1\text{k}\Omega$，$Z_2 = R_2 = 300\Omega$ 时有

$$K = \frac{Z_1}{Z_2} = \frac{R_1}{R_2} = \frac{10}{3}$$

若负载为电阻，$Z_L = R_L$ 时，$Z_1 = -K Z_L = -\frac{10}{3} R_L$。

若负载为电容 C，$Z_L = \frac{1}{j\omega C}$ 时，$Z_1 = -K Z_L = -\frac{10}{3} \frac{1}{j\omega C} = j\omega L \left(\text{令} L = \frac{1}{\omega^2 C} \times \frac{10}{3} \right)$。

若负载为电感 L，$Z_L = j\omega L$ 时，$Z_1 = -K Z_L = -\frac{10}{3} j\omega L = \frac{1}{j\omega C} \left(\text{令} C = \frac{1}{\omega^2 L} \times \frac{3}{10} \right)$。

可见，电容通过负阻抗变换器可以变换为电感，而电感通过负阻抗变换器可以变换为电容。

三、实验设备

实验设备清单见实验表 28 - 1。

实验表 28 - 1　　　　　　　　　实 验 设 备 清 单

名称	型号	规格	数量	编号	备注
恒压源			1		
信号发生器		正弦波输出	1		
直流电压表		3 位半/mA	1		
交流数字毫伏表		3 位半/20V	1		
交流数字电压表		3 位半/300V	1		
双踪示波器			1		
负阻抗变换器组件			1		
电阻箱			1		
导线			若干		

四、实验任务

1. 测量负阻抗的伏安特性

实验电路如实验图 28 - 4 所示。图中，U_1 为恒压源的可调稳压输出端，负载电阻 R_L 用

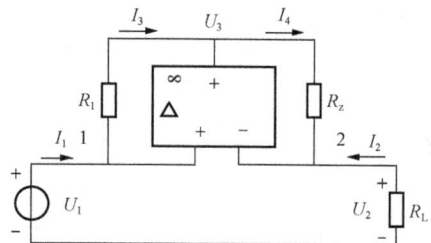

实验图 28 - 4　INIC 型负阻抗变换器实验电路

电阻箱。

（1）调节负载电阻箱的电阻值，使 $R_L=300\Omega$，调节恒压源的输出电压，使之在 $0\sim1V$ 范围内的取值，分别测量 INIC 的输入电压 U_1 及输入电流 I_1，将数据记入实验表 28 - 1 中。

（2）令 $R_L=600\Omega$，重复上述的测量，将数据记入实验表 28 - 2 中。

实验表 28 - 2　　　　　　　　　负阻抗的伏安特性实验数据

$R_L=300\Omega$	$U_1(V)$	0.1	0.2	0.3	0.4	0.5	0.6	0.7	0.8	0.9	1
	$I_1(mA)$										
	$U_{1av}(V)$					$I_{1av}(mA)$					
$R_L=600\Omega$	$U_1(V)$	0.1	0.2	0.3	0.4	0.5	0.6	0.7	0.8	0.9	1
	$I_1(mA)$										
	$U_{1av}(V)$					$I_{1av}(mA)$					

（3）计算等效负阻抗。

实测值　　　　　　　　　　　　　$R_-=U_{1av}/\ I_{1av}$

理论计算值　　　　　　　　　　　$R'_-=-KZ_L=-\dfrac{10}{3}R_L$

电流增益　　　　　　　　　　　　$K=R_1/R_2$

（4）绘制负阻抗的伏安特性曲线 $U_1=f\ (I_1)$。

2. 阻抗变换及相位观察

用 $0.1\mu F$ 的电容器（串一个电阻 500Ω）和 $100mH$ 的电感（串一个 500Ω 电阻）分别取代 R_L，用低频信号源（正弦波形，$f=1\times10^3\,Hz$）取代恒压源，调节低频信号使 $U_1<1V$，并用双踪示波器观察并记录 U_1 与 I_1 以及 U_2 与 I_2 的相位差（I_1、I_2 的波形分别从 R_1、R_2 两端取出）。

五、实验注意事项

（1）整个实验中应使 $U_1=0\sim1V$。

（2）防止运放输出端短路。

六、预习思考题

（1）什么是负阻抗变换器？它有哪两种类型？各具有什么性质？

（2）负阻抗变换器通常用什么电路组成？如何实现负阻变换？

（3）说明负阻抗变换器实现阻抗变换的原理和方法。

七、实验报告要求

（1）根据实验表 28 - 2 中的数据，完成负阻抗的计算，并绘制负阻特性曲线。

（2）根据实验任务 2 的数据，解释观察到的现象，说明负阻抗变换器实现阻抗变换的功能。

（3）回答预习思考题。

实验二十九　回转器特性测试

一、实验目的

（1）了解回转器的结构和基本特性。

（2）测量回转器的基本参数。

（3）了解回转器的应用，测量带有回转器的谐振电路的谐振曲线。

二、实验原理与说明

回转器是一种有源非互易的两端口网络元件，电路符号及其等值电路如实验图 29 - 1 （a）、（b）所示。

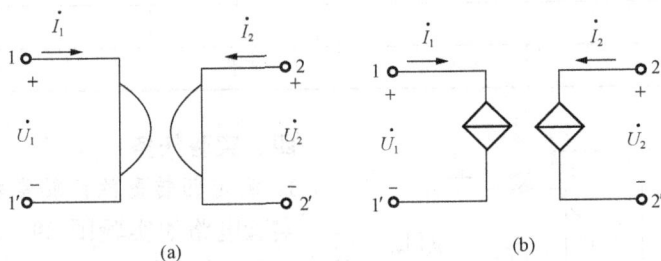

实验图 29 - 1　回转器的电路符号及等值电路

（a）有源非互易两端口网络；（b）等值电路

理想回转器的导纳方程为

$$\begin{bmatrix} \dot{I}_1 \\ \dot{I}_2 \end{bmatrix} = \begin{bmatrix} 0 & G \\ -G & 0 \end{bmatrix} \begin{bmatrix} \dot{U}_1 \\ \dot{U}_2 \end{bmatrix}$$

或写成

$$\dot{I}_1 = G\dot{U}_2 ; \quad \dot{I}_2 = -G\dot{U}_1$$

也可写成电阻方程

$$\begin{bmatrix} \dot{U}_1 \\ \dot{U}_2 \end{bmatrix} = \begin{bmatrix} 0 & -R \\ R & 0 \end{bmatrix} \begin{bmatrix} \dot{I}_1 \\ \dot{I}_2 \end{bmatrix}$$

或写成

$$\dot{U}_1 = -R\dot{I}_2 ; \quad \dot{U}_2 = R\dot{I}_1$$

式中　G 和 R——回转电导和回转电阻，简称为回转常数。

若在 2 - 2′ 端接一负载电容 C，则 1 - 1′ 端的导纳 Y_i 为

$$Y_i = \frac{\dot{I}_1}{\dot{U}_1} = \frac{G\dot{U}_2}{-\dot{I}_2/G} = \frac{-G^2\dot{U}_2}{\dot{I}_2}$$

又因为

$$\frac{\dot{U}_2}{\dot{I}_2} = -Z_L = -\frac{1}{j\omega C}$$

所以有

$$Y_i = \frac{G^2}{j\omega C} = \frac{1}{j\omega L}$$

其中

$$L = \frac{C}{G^2}$$

可见，从 1 - 1′ 端看进去的等效元件相当于一个电感，即回转器能把一个电容元件"回转"成一个电感元件，所以也称为阻抗逆变器。由于回转器有阻抗逆变作用，在集成电路中

得到重要的应用。因为在集成电路制造中，制造一个电容元件比制造电感元件容易得多，通常可以用一带有电容负载的回转器来获得一个较大的电感元件。

三、实验设备

实验设备清单见实验表 29 - 1。

实验表 29 - 1　　　　　　　　　　　　　　**实 验 设 备 清 单**

名称	型号	规格	数量	编号	备注
信号发生器		正弦波输出	1		
交流数字毫伏表		3 位半/20V	1		
双踪示波器			1		
回转器组件			1		
电容器		0.1μF/1μF	2		
固定电阻		1kΩ	1		
电阻箱			1		
导线			若干		

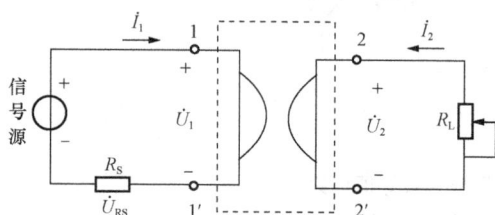

实验图 29 - 2　回转器的实验电路

四、实验任务

1. 测定回转器的回转常数

实验电路如实验图 29 - 2 所示，在回转器的 2 - 2′端接纯电阻负载 R_L（电阻箱），取样电阻 $R_S = 1kΩ$，信号源频率固定在 1kHz，输出电压为 1～2V。用交流毫伏表测量不同负载电阻 R_L 时的 U_1、U_2 和 U_{RS}，并计算相应的电流 I_1、I_2 和回转常数 G，一并记入实验表 29 - 2 中。

实验表 29 - 2　　　　　　　　　　　　　　**测定回转常数的实验数据**

R_L (kΩ)	测 量 值		计 算 值					
	U_1(V)	U_2(V)	I_1(mA)	I_2(mA)	$G' = I_1/U_2$	$G'' = I_2/U_1$	$G_{av} = (G' + G'') /2$	
0.5								
1								
1.5								
2								
3								
4								
5								

2. 测试回转器的阻抗逆变性质

（1）观察相位关系。实验电路如实验图 29 - 2 所示，在回转器 2 - 2′端的电阻负载 R_L 用电容 C 代替，且 $C = 0.1μF$，用双踪示波器观察回转器输入电压 U_1 和输入电流 I_1 之间的相位关系，图中的 R_S 为电流取样电阻，因为电阻两端电压电流同相，所以用示波器观察 U_{RS} 上的电压波形就反映了电流 I_1 的相位。

（2）测量等效电感。在 2 - 2′ 两端接负载电容 $C=0.1\mu F$，用交流毫伏表测量不同频率时的等效电感，并算出 I_1、L'、L 及误差 ΔL，分析 U_1、U_2、U_{RS} 之间的相量关系。

3. 测量谐振特性

实验电路如实验图 29 - 3 所示。图中，$C_1=1\mu F$，$C_2=0.1\mu F$，取样电阻 $R_S=1k\Omega$。用回转器将 C_2 回转成电感，与 C_1 构成并联谐振电路。信号源输出电压保持恒定 $U=2V$，在不同频率时用交流毫伏表测量实验表 29 - 3 中规定的各个电压，并找出 U_1 的峰值。将测量数据和计算值记入实验表 29 - 3 中。

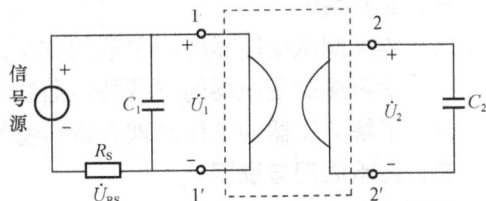

实验图 29 - 3　带回转器的谐振电路测量

实验表 29 - 3　　谐振特性实验数据

参数 \ f/Hz	200	400	500	700	800	900	1000	1200	1300	1500	2000
U_1(V)											
U_{RS}(V)											
$I_1=U_{RS}/R_S$(mA)											
$L'=U_1/2\pi f I_1$											
$L=C/G^2$											
$\Delta L=L'-L$											

五、实验注意事项

（1）回转器的正常工作条件是 U、I 的波形必须是正弦波，为避免运放进入饱和状态使波形失真，所以输入电压以不超过 2V 为宜。

（2）防止运放输出对地短路。

六、预习思考题

（1）什么是回转器？用导纳方程说明回转器输入和输出的关系。

（2）什么是回转常数？如何测定回转电导？

（3）说明回转器的阻抗逆变作用及其应用。

七、实验报告要求

（1）根据实验表 29 - 2 中的数据，计算回转电导。

（2）根据实验 2 的结果画出电压、电流波形，说明回转器的阻抗逆变作用，并计算等效电感值。

（3）根据实验表 29 - 3 中的数据画出并联谐振曲线，找到谐振频率，并和计算值相比较。

（4）从各实验结果中总结回转器的性质、特点和应用。

实验三十　单相铁心变压器特性的测试

一、实验目的

（1）学会测试变压器各项参数的方法。

（2）学习测绘变压器的空载特性曲线与外特性曲线。

（3）了解变压器的工作原理和运行特性。

二、实验原理与说明

变压器工作原理电路如实验图 30-1 所示，一次绕组 AX 连接交流电源 u_1，二次绕组 ax 两端电压为 u_2，经开关 S 与负载阻抗 Z_2 连接。

1. 变压器空载特性

当变压器二次开关 S 断开时，变压器处于空载状态，一次电流 $I_1 = I_{10}$，称为空载电流。其大小和一次电压 U_1 有关，两者之间的关系特性称为空载特性，用 $U_1 = f(I_{10})$ 表示。由于空载电流 I_{10}（励磁电流）与磁场强度 H 成正比，磁感应强度 B 与电源电压 U_1 成正比，因而空载特性曲线与铁心的磁化曲线（B-H 曲线）是一致的。空载实验一般在低压绕组加电压，高压绕组开路。

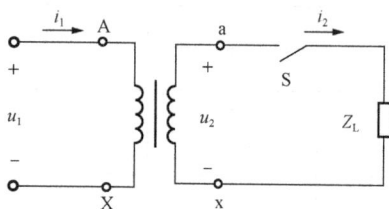

实验图 30-1　变压器工作原理电路

2. 变压器外特性

当一次电压 U_1 不变，随着二次电流 I_2 增大（负载增大，阻抗 Z_L 减小），一、二次绕组阻抗电压降加大，使二次端电压 U_2 下降，这种二次端电压 U_2 随着二次电流 I_2 变化的特性称为外特性，用 $U_2 = f(I_2)$ 表示。

3. 变压器参数的测定

用电压表、电流表、功率表测得变压器一次的 U_1、I_1、P_1 及二次的 U_2、I_2，并用万用表 R×1 挡测出一、二次绕组的电阻 R_1 和 R_2，即可算得变压器的各项参数值：

电压比　$K_U = \dfrac{U_1}{U_2}$，电流比　$K_I = \dfrac{I_2}{I_1}$

一次阻抗　$Z_1 = \dfrac{U_1}{I_1}$，二次阻抗　$Z_2 = \dfrac{U_2}{I_2}$

阻抗比 $K_R = \dfrac{Z_1}{Z_2}$

负载功率　$P_2 = U_2 I_2 \cos\varphi$

损耗功率　$P_0 = P_1 - P_2$

功率因数　$\cos\varphi = \dfrac{P_1}{U_1 I_1}$

一次绕组铜损耗　$P_{Cu1} = I_1{}^2 R_1$

二次绕组铜损耗　$P_{Cu2} = I_2{}^2 R_2$，二次绕组铁损耗 $P_{Fe} = P_0 - (P_{Cu1} + P_{Cu2})$（总损耗减去

一次、二次绕组的铜损耗即为铁损耗）。

三、实验设备

实验设备清单见实验表 30 - 1。

实验表 30 - 1　　　　　　　　**实 验 设 备 清 单**

名称	型号	规格	数量	编号	备注
交流调压器			1		
变压器		36V/220V	1		
交流电压表		3 位半/300V	2		
交流电流表		3 位半/1A/3A	2		
功率表		3A/500V	1		
白炽灯		25W/220V	若干		
可调电阻			1		
导线			若干		

四、实验任务

1. 测绘变压器空载特性

实验电路如实验图 30 - 2 所示，将变压器的高压（二次）绕组开路，低压（一次）绕组与调压器输出端连接。

确认三相调压器处在零位（逆时针旋到底位置）后，合上电源开关，调节三相调压器输出电压，使 U_1 从零逐次上升到 1.2 倍的额定电压（$1.2 \times 36V$），共取 5 个电压值，分别记下各次测得的 U_1、U_{20} 和 I_{10} 数据，记入自拟的数据表格，绘制变压器的空载特性曲线。

2. 测绘变压器外特性并测试变压器参数

实验电路如实验图 30 - 3 所示，变压器的

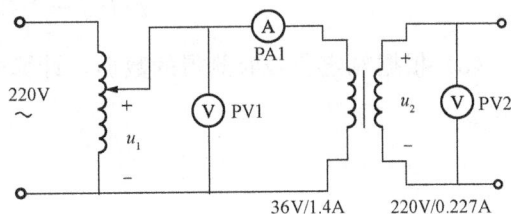

实验图 30 - 2　变压器空载特性实验电路

高压绕组与调压器输出端连接，低压绕组接 220V、25W 的白炽灯组负载（或可调电阻）。将调压器手柄置于输出电压为零的位置，然后合上电源开关，并调节调压器，使其输出电压等于变压器高压侧的额定电压 220V，分别测试负载开路及逐次增加负载（并联白炽灯）至额定值（$I_{2N} = 1.4A$），总共取 5 点，分别记下 5 次各仪表（见实验图 30 - 3）的读数，记入自拟的数据表格，绘制变压器外特性曲线。

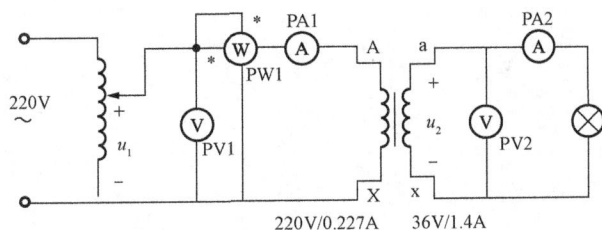

实验图 30 - 3　变压器外特性测试电路

五、实验注意事项

（1）使用调压器时应首先调至零位，然后才可合上电源。每次测量完数据后，要将调压器手柄逆时针旋到零位。

（2）实验过程中，必须用电压表监视调压器的输出电压，防止被测变压器输出过高电压而损坏实验设备，且要注意安全，以防高压触电。

（3）空载实验是将变压器作为升压变压器使用，而外特性实验是将变压器作为降压变压器使用。

（4）遇异常情况，应立即断开电源，待处理好故障后，再继续实验。

六、预习思考题

（1）为什么空载实验将低压绕组作为一次侧进行通电实验？此时，在实验过程中应注意什么问题？

（2）什么是变压器的空载特性？如何测绘？从空载特性曲线如何判断变压器励磁性能的好坏？

（3）什么是变压器的外特性？如何测绘？从外特性曲线上如何计算变压器的电压调整率？

七、实验报告要求

（1）根据实验内容，自拟数据表格，绘出变压器的空载特性和外特性曲线。

（2）根据变压器的外特性曲线，计算变压器的电压调整率

$$\Delta U\% = \frac{U_{20} - U_{2N}}{U_{20}} \times 100\%$$

（3）根据额定负载时测得的数据，计算变压器的各项参数。

实验三十一 单相电能表的校验

一、实验目的

(1) 了解电能表的工作原理，掌握电能表的接线和使用。

(2) 学会测定电能表的技术参数和校验方法。

二、实验原理与说明

电能表是一种感应式仪表，是根据交变磁场在金属中产生感应电流，从而产生转矩的基本原理而工作的仪表，主要用于测量交流电路中的电能。

1. 电能表的结构和原理

电能表主要由驱动装置、转动铝盘、制动永久磁铁和指示器等部分组成。

(1) 驱动装置和转动铝盘。驱动装置有电压铁心绕组和电流铁心绕组，在空间上、下排列，中间隔以铝制的圆盘。驱动两个铁心绕组的交流电，建立起合成的交变磁场，交变磁场穿过铝盘，在铝盘上产生感应电流，该电流与磁场的相互作用，产生转动力矩驱使铝盘转动。

(2) 制动永久磁铁。铝盘上方装有一个永久磁铁，其作用是对转动的铝盘产生制动力矩，使铝盘转速与负载功率成正比。因此，在某一测量时间内，负载所消耗的电能 W 就与铝盘的转数 n 成正比。

(3) 指示器。电能表的指示器不能像其他指示仪表的指针一样停留在某一位置，而应能随着电能的不断增大（也就是随着时间的延续）而连续地转动，这样才能随时反映出电能积累的数值。因此，它是将转动铝盘通过齿轮传动机构折换为被测电能的数值，由一系列齿轮上的数字直接指示出来。

2. 电能表的技术指标

(1) 电能表常数。铝盘的转数 n 与负载消耗的电能 A 成正比，即

$$N = \frac{n}{A}$$

比例系数 N 称为电能表常数，常在电能表上标明，其单位是 r/（kW·h）。

(2) 电能表灵敏度。在额定电压、额定频率及 $\cos\varphi = 1$ 的条件下，负载电流从零开始增大，测出铝盘开始转动的最小电流值 $I_{\min}$，则仪表的灵敏度表示为

$$S = \frac{I_{\min}}{I_N} \times 100\%$$

式中　I_N——电能表的额定电流。

(3) 电能表的潜动。当负载等于零时电能表仍出现缓慢转动的情况，这种现象称为潜动。按照规定，无负载电流的情况下，外加电压为电能表额定电压的 110%（达 242V）时，观察铝盘的转动是否超过一周，凡超过一周者，判为潜动不合格的电能表。

本实验使用 220V、1.5A（6A）的 DD862 型电能表，

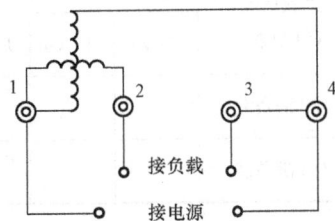

实验图 31-1　电能表接线图

接线图如实验图 31－1 所示，"1"、"2" 两端为电流绕组，"1"、"4" 两端为电压绕组。

三、实验设备

实验设备清单见实验表 31－1。

实验表 31－1　　　　　　　　　　　**实 验 设 备 清 单**

名称	型号	规格	数量	编号	备注
三相调压器			1		
交流电压表		3 位半/300V	1		
交流电流表		3 位半/1A/3A	1		
DD862 型电能表			1		
白炽灯		25W/220V	若干		
固定电阻		5.1kΩ/10kΩ/8W	2		
电位器		10kΩ/3W	1		
秒表			1		
导线			若干		

四、实验任务

1. 记录被校验电能表的额定数据和技术指标

额定电流 $I_N＝$_____，额定电压 $U_N＝$_____，电能表常数 $N＝$_____。

2. 用功率表、秒表法校验电能表常数

按实验图 31－2 接线，电能表的接线与功率表相同，其电流绕组与负载串联，电压绕组与负载并联。线路经指导教师检查后，接通电源，将调压器的输出电压调到 220V，按实验表 31－2 的要求接通灯组负载，用秒表定时记录电能表铝盘的转数，并记录各表的读数。为了准确记录铝盘转数，可将电能表铝盘上的一小段红色标记刚出现（或刚结束）时作为秒表计时的开始。此外，为了能记录整数转数，可先预定好转数，待电能表铝盘刚转完此转数时，作为秒表测定时间的终点，将所有数据记入实验表 31－2 中。

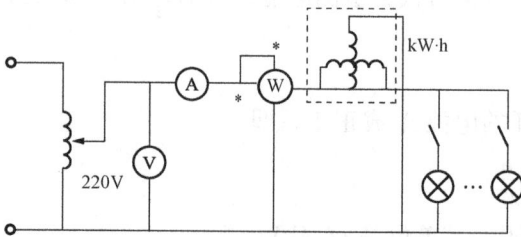

实验图 31－2　电能表的校验电路

实验表 31－2　　　　　　　　　　　**校验电能表准确度数据**

负载情况（灯泡数）	测 量 值					计 算 值			
	U(V)	I(A)	P(W)	时间(s)	转数 n	实测电能 A(kW·h)	计算电能 A(kW·h)	Δ (kW·h)	电能表常数 N
1/2 满负载									
2/3 满负载									

为了准确和熟悉起见，可重复多做几次。

3. 检查灵敏度

电能表铝盘刚开始转动的电流往往很小，通常只有 $0.5\%I_N$，故将实验图 31-2 中的灯组负载拆除，用 3 个电阻（一个 $10k\Omega/3W$ 电位器、$5.1k\Omega/8W$ 和 $10k\Omega/8W$ 电阻）相串联作为负载，调节 $10k\Omega/3W$ 电位器，记下使电能表铝盘刚开始转动的最小电流值 I_{min}，然后通过计算求出电能表的灵敏度。

4. 检查电能表潜动是否合格

切断负载，即断开电能表的电流绕组回路，调节调压器的输出电压为额定电压的 110%（即 242V），仔细观察电能表的铝盘有否转动，一般允许有缓慢地转动，但应在不超过一转的任一点上停止，这样，电能表的潜动为合格，反之则不合格。

五、实验注意事项

（1）本实验台配有一只电能表，实验时，将带有电能表挂箱挂上，在标记的插孔位置连线即可。

（2）记录时，同组同学要密切配合，秒表定时，读取转数步调要一致，以确保测量的准确性。

（3）注意功率表和电能表的接线。

六、预习思考题

（1）了解电能表的结构、工作原理和接线方法。

（2）电能表有哪些技术指标？如何测定？

七、实验报告要求

（1）整理实验数据，计算出电能表的各项技术指标。

（2）对被校电能表的各项技术指标作出评价。

附录A　NEEL-Ⅱ型电工电子教学实验台简介

　　NEEL-Ⅱ型电工电子教学系统实验台是浙江求是科教设备有限公司的产品。该实验台结构采用固定式和挂箱式相结合的模式，其中实验电源和交流仪表采用固定式，部分仪表和实验内容采用挂箱式，可根据实验项目内容灵活更替挂箱；该实验台仪表均配置虚拟仪器数据采集系统，实验过程可以实时采集数据，通过教师机组成局域网自动备份到教师机上。该实验台整体性、一致性强，设备集中，便于教师组织和指导实验教学。

一、NEEL-Ⅱ型电工电子教学实验台的电源结构及使用说明

　　1. 单相、三相交流电源

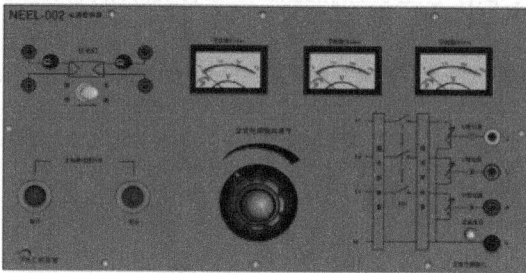

附图A-1　电源控制屏

　　附图A-1所示为电源控制屏，由电源开关（红色指示灯为断开按钮，绿色指示灯为接通按钮）、交流电源输出调节器、三只指针式交流电压表及三相电源输出端（U、V、W、N）组成。其固定安装在实验台上。

　　三相交流电源线电压为0～430V连续可调（U_{uv}、U_{vw}、U_{wu}由三只指针式交流电压表监测），输出0～240V连续可调的相电压。U、V、W三相电路中设有过电流告警指示灯，电源短路或电流超过3A时，告警指示灯亮并发出蜂鸣声；下方设有复位键可解除告警。

　　2. 直流电压源、电流源

　　（1）直流电压源。附图A-2所示直流电压源，为双路0～30V可调，准确度为0.5级，最大输出电流为0.5A，有短路保护和自动恢复功能。两路电源不共地，可串联使用，左侧为Ⅰ路，右侧为Ⅱ路，两路电源的电压输出值由一个仪表显示，通过红色按钮开关选择仪表显示输出Ⅰ路或Ⅱ路的电压值（中间红色键按下"▬"显示Ⅰ路源输出电压；红色键弹起"⊥"显示Ⅱ路输出电压）。

　　（2）直流电流源。附图A-3所示直流电流源，调节范围为0～200mA连续可调，最大开路电压为30V，有开路保护功能。电路中没有形成回路时电流源无电流输出。其有2、20mA和200mA三个量程，实验时可根据实验需要选择适合量程，以调节所需电流。

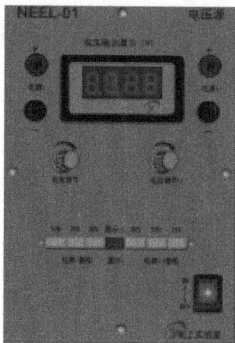

附图A-2　直流电压源

附图A-3　直流电流源

3. 信号源

附图 A-4 所示信号源，由信号输出端、6 位数字频率仪表、频率外侧端、幅值调节旋钮、频率粗调旋钮、频率细调旋钮、单次脉冲按钮、波形选择开关、频段选择开关、高频探头座输出端、频率计和信号源选择开关组成。信号源输出三角波、正弦波、方波、二脉、四脉、八脉、单次等波形，配有准确度为 0.5 级 6 位 1MHz 数字式频率计，监视信号源输出频率。幅值调节范围为 $0\sim17U_{p-p}$，带有 20、40dB 衰减功能。

二、NEEL-Ⅱ型电工电子教学实验台的主要仪表设备

1. 交流电压表、电流表

附图 A-5（a）所示交流电压表、电流表是数模双显交流仪表，准确度为 0.5 级，具有超量程告警功能。电压表量程为 10、30、100、300、500V；电流表量程为 0.1、0.3、1、3、5A。

2. 功率表和功率因数表

附图 A-5（b）所示功率表，由电流接线端、电压接线端和测量显示仪表组成。功率表电流接线端应与负载串联，电压接线端应与负载并联；接线应遵守"发电机端"守则，功率表电流接线端和电压接线端"发电机端"（标有 * 号端）方向应接在电源的同一侧；功率表电压和电流量程应不小于电路电压或电流，功率量程应大于等于负载功率。

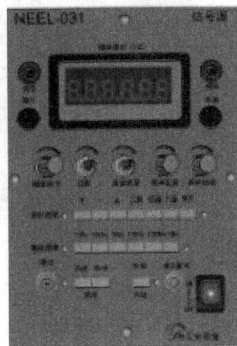

附图 A-4　信号源

附图 A-5（b）功率因数表是单相交流电路或电压对称负载平衡的三相交流电路中测量功率因数的仪表，实验挂箱在内部与附图 A-5（b）上方功率表已接好线，使用时与功率表配合。功率因数表测量时若显示"C"开头的数值代表负载为容性，显示"L"开头的数值代表负载为感性。

3. 交流毫伏表

附图 A-5（c）所示交流毫伏表，由测量显示仪表、量程切换开关和输入端高频探头座组成。毫伏表的测量范围是 $0\sim200V$，分 200mV、2V、20V 和 200V 四个量程；测量准确度相对 1kHz 的测量误差 ±30 个字，电压频率响应范围 10Hz～1MHz，测量误差 ±50 个字。测量时注意要选择合适的量程进行测量可减小测量误差。

4. 直流电压表、电流表

附图 A-5（d）所示直流电压表、电流表（包括毫安表和安培表）准确度均为 0.5 级，具有超量程告警功能。电压表测量范围为 $0\sim200V$，量程为 2、20、200V；毫安表测量范围为 $0\sim200mA$，量程为 2、20、200mA；安培表测量范围为 $0\sim5A$，量程为 2、5A。

5. 常用元件挂箱

常用的交流电路实验箱，电工原理实验挂箱，电阻、电感及电容元件挂箱如附图 A-6 所示。

三、NEEL-Ⅱ型电工电子教学实验台的使用注意事项

（1）合上与断开电源控制屏的交流电源时都应将电源输出调节器逆时针调零，即实验时从零开始调节，实验过程中要改接电路，也应先断开交流电源再接线。

（2）直流电压源、电流源使用时应先校准再接入电路使用。

（3）信号源使用时注意扫频和直流偏置旋钮应处于逆时针调零，频率粗调和频率细调共

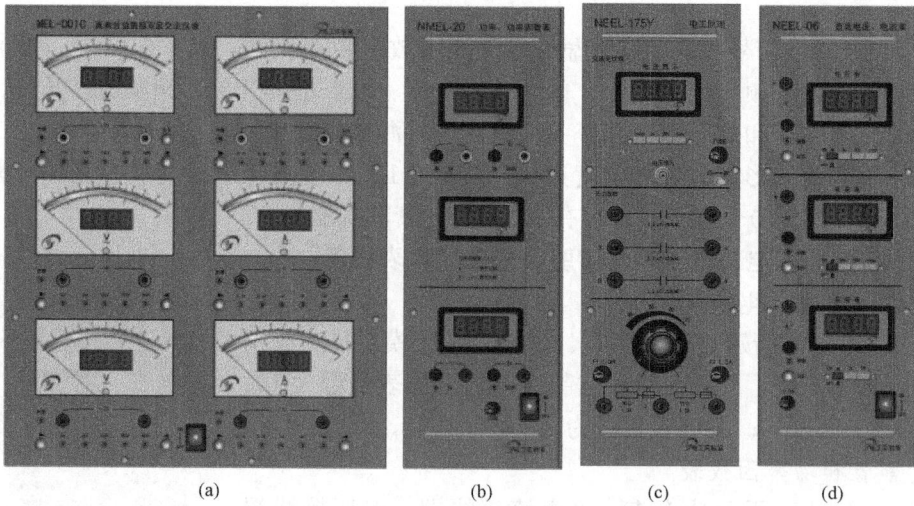

附图 A-5　实验台主要仪表设备

（a）数模双显交流电压、电流表；（b）功率表、功率因数表；

（c）交流毫伏表；（d）直流电压表、电流表

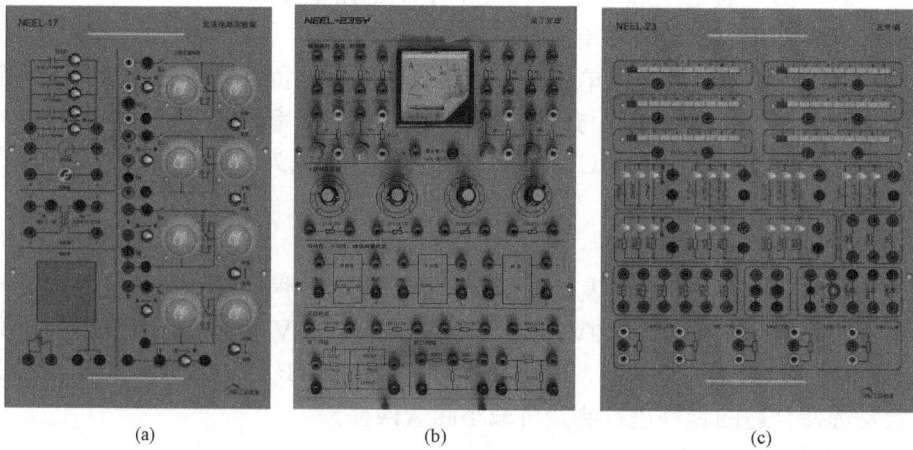

附图 A-6　常用元件挂箱

（a）交流电路实验挂箱；（b）电工原理实验挂箱；（c）电阻、电感、电容实验挂箱

同控制调节所需频率。

（4）交流毫伏表使用时注意选择恰当的量程以减小测量误差，用测试线测负载电压时注意毫伏表的负端靠近信号源的负端连接。

（5）使用实验台的元器件时应注意不能超过其额定参数，如额定电压、额定电流及额定功率等。

附录 B　电工实验网络系统软件简介

NEEL-Ⅱ型电工电子教学系统每个实验台都配备一台计算机，与教师机共同组成局域网。实验室各台计算机通过交换机构建星形网络，如附图 B-1 所示，教师机为服务器，学生端计算机执行实验数据采集。

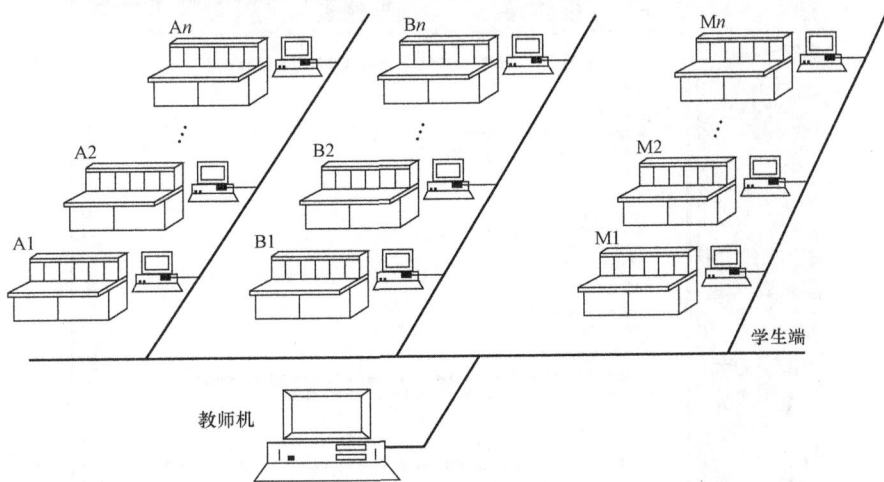

附图 B-1　电工电子教学系统实验室局域网布置图

一、软件系统使用说明

软件针对多功能数据采集卡开发了 LabVIEW 环境下动态连接库和驱动程序，系统基于 LabVIEW 软件开发了学生机的实验软件和教师机的管理软件，通过局域网连接成电工电子教学软件系统。

1. 学生系统登录

单击"学生登录"图标进入如附图 B-2 所示学生注册登录界面。首次登录系统，学生应先输入学号、密码、姓名和班级进行注册，注册成功即可登录实验系统；已注册过的学生可输入学号和密码（系统自动显示出学生的姓名和班级）直接登录。登录成功界面如附图 B-3 所示；登录后选择要做的实验项目，进入实验界面。

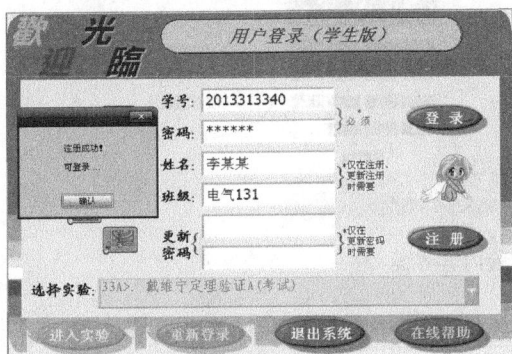

附图 B-2　学生注册登录界面

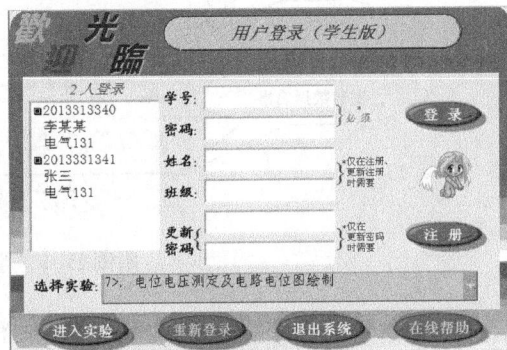

附图 B-3　学生登录成功界面

2. 学生实验操作

（1）实验界面基本信息。附图 B-4 所示的学生系统实验主界面，首行为"实验项目名称"和实验学生的"学号、姓名信息"；第二行为"实验需知"、"原理说明"、"实验内容"、"数据汇总"、"技术文档"、"系统设置"六项菜单项（其中"数据汇总"和"系统设置"为教师管理系统功能，学生系统无权限），单击可显示对应内容；其他功能按钮有"原理说明"、"进入实验"、"在线帮助"和"退出系统"等。

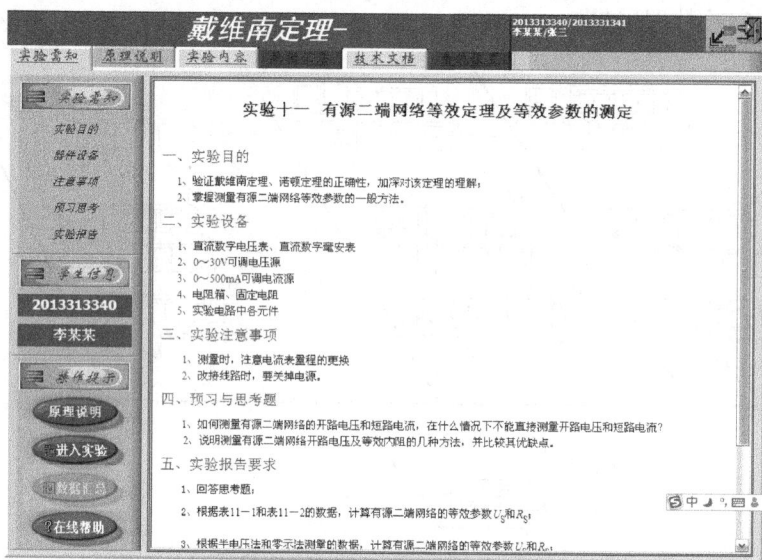

附图 B-4　学生系统实验主界面

（2）实验内容。单击附图 B-4 学生系统实验界面下"实验内容"菜单或"进入实验"按钮，可选择"内容 1"、"内容 2"……进入附图 B-5 所示的学生系统实验内容主界面。该界面中包含"实验内容具体要求"、"实验数据表格"、"实验仪表实时显示数据"、"示波器"等。"采集/锁定"按钮控制是否更新显示实验台仪表数据。

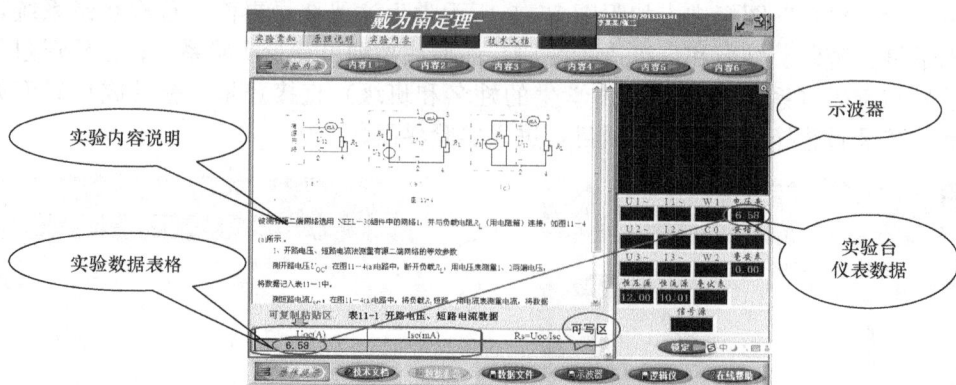

附图 B-5　学生系统实验内容界面

实验数据表格中浅蓝色区域为可复制粘贴区（数据来源于实验台仪表），鼠标左键双击右侧仪表数据，到待填的表格中再次左键双击将数据粘贴到此处；实验数据表格中浅绿色区域为可写区（数据来源于键盘），通过键盘输入数值或字符。双击示波器窗口，可打开附图 B-6 所示的虚拟示波器操作测量界面。

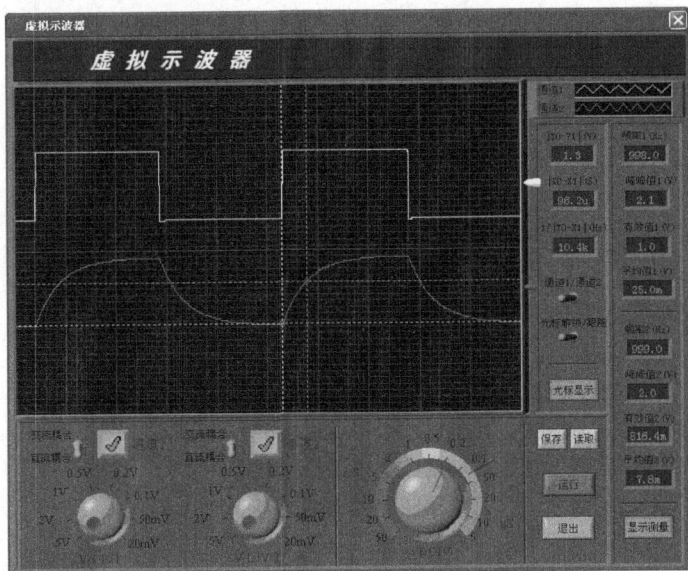

附图 B-6　虚拟示波器操作测量界面

（3）其他功能。学生的实验数据和波形曲线均自动存储到教师机的数据库中，学生可随时登录实验项目调用查看。

3. 系统退出

按附图 B-4 右上角的退出系统 "▇" 图标可返回至附图 B-3 "学生登录成功界面"，再单击附图 B-3 的 "退出系统" 按钮可成功退出系统登录。

二、软件使用注意事项

（1）学生登录时同组的所有用户都需要登录成功，即附图 B-3 左侧框中会显示姓名、学号等信息，否则该用户无实验数据存储记录。

（2）实验过程进行实验数据采集时注意浅蓝色区域内容是不可删除的，但可多次覆盖粘贴，否则数据库会发生混乱，实验数据需要重新采集。

（3）退出系统时一定要彻底退出登录界面，否则其他用户可进入实验内容界面更改数据。

参 考 文 献

［1］吕斯骅，段家忯. 基础物理实验. 北京：北京大学出版社，2002.

［2］眭永只，许雪芬. 普通物理实验. 2 版. 南京：南京大学出版社，2004.

［3］陈金太. 大学物理实验. 厦门：厦门大学出版社，2005.

［4］傅维谭. 电磁测量. 北京：中央广播电视大学出版社，1985.

［5］李崇贺. 电工测试基础. 北京：中国电力出版社，2000.

［6］贺令辉，陈斌，王灵芝. 电工仪表与测量. 北京：中国电力出版社，2006.

［7］徐科军，李国丽. 电气测试基础. 北京：机械工业出版社，2002.

［8］孙桂瑛，齐凤艳. 电路实验. 哈尔滨：哈尔滨工业大学出版社，2002.

［9］智强，李淑珍. 电工测量与实验. 北京：化学工业出版社，2004.

［10］李书杰，侯国强. 电路实验教程. 北京：冶金工业出版社，2004.

［11］刘晓春，方向东. 电路实验. 长沙：湖南大学出版社，2001.

［12］沙占友. 数字万用表应用技巧. 北京：国防工业出版社，1997.

［13］沙占友. 新型数字万用表的原理与应用. 北京：机械工业出版社，2006.

［14］陈伟. 最小不确定度估计理论及其应用. 硕士学位论文. 武汉：武汉大学，2005.

［15］朱爱民，张建志，贾克军. 测量不确定度的实际应用. 计量技术，2005 (4).

［16］黄松岭，吴静. 虚拟仪器设计基础教程. 北京：清华大学出版社，2008.

［17］张重雄，张思维. 虚拟仪器技术分析与设计. 北京：电子工业出版社，2012.

［18］腾龙科技. LabVIEW 虚拟仪器设计及分析. 北京：清华大学出版社，2011.